_____ 님의 소중한 미래를 위해

이 책을 드립니다.

난생 처음
다낭

처음 다낭에 가는 사람이 가장 알고 싶은 것들

난생 처음

다낭

남기성 지음

메이트북스

메이트북스 우리는 책이 독자를 위한 것임을 잊지 않는다.
우리는 독자의 꿈을 사랑하고,
그 꿈이 실현될 수 있는 도구를 세상에 내놓는다.

난생 처음 다낭

초판 1쇄 발행 2018년 7월 16일 | **초판 2쇄 발행** 2018년 8월 10일 | **지은이** 남기성
펴낸곳 ㈜원앤원콘텐츠그룹 | **펴낸이** 강현규 · 정영훈
책임편집 최미임 | **편집** 안미성 · 이가진 · 이수민 · 김슬미
디자인 최정아 | **마케팅** 한성호 · 김윤성 | **홍보** 이선미 · 정채훈
등록번호 제301－2006－001호 | **등록일자** 2013년 5월 24일
주소 06132 서울시 강남구 논현로 507 성지하이츠빌 3차 1307호 | **전화** (02)2234-7117
팩스 (02)2234-1086 | **홈페이지** www.matebooks.co.kr | **이메일** khg0109@hanmail.net
값 15,000원 | **ISBN** 979-11-6002-135-6 13980

메이트북스는 (주)원앤원콘텐츠그룹의 경제·경영·자기계발·실용 브랜드입니다.
잘못 만들어진 책은 구입하신 서점에서 교환해 드립니다.
이 책을 무단 복사, 복제, 전재하는 것은 저작권법에 저촉됩니다.

이 도서의 국립중앙도서관 출판시도서목록(CIP)은 e－CIP홈페이지(http://www.nl.go.kr/ecip)에서
이용하실 수 있습니다.(CIP제어번호 : CIP2018019876)

여행이란 젊은이들에게는 교육의 일부이며
연장자들에게는 경험의 일부이다.

• 베이컨(철학자) •

베트남의 진주,
다낭 4박 6일 여행기

베트남 중부의 가장 핫한 관광지이자 베트남 최고의 휴양도시로 유명한 다낭! 하지만 두려움 반, 설렘 반으로 도착한 다낭은 실망감을 안겨주었다. 폭우와 끈적이는 날씨로 첫인사를 건네며 나를 녹초로 만들었다.

솜방망이 몸으로 아침을 맞는다. 거리를 질주하는 오토바이 경적소리에 머리가 몽롱해진다. 재래시장으로 발길을 옮겨보지만 시장 바닥은 쓰레기가 난무했고 질주하는 오토바이는 마치 곡예사 같다. '어떻게 이런 곳을 넘버원 휴양도시라고…'

무거운 마음을 뒤로하고 다낭비치로 달려가본다. 다낭비치에 도착하자 지금까지 부정했던 다낭에 한없이 미안해졌다. 눈이 휘둥그레질 정도의 천국이 펼쳐져 있었다. 선짜반도의 아늑함과 고기잡이 배 까이뭄이 한 폭의 수채화를 자아냈으며, 해변 모래사장의 모래는 눈물나게 고왔다. 근거리 도시 호이안은 또 어떠한가? 논(베트남 전통모자)을 쓰고 꽝 가인(양쪽에 광주리를 매단 나무)을 맨 행상들과 색바랜 빈티지 건물이 어우러져 한 폭의 동양화를 연상케 했다. 해가 지고 하나둘씩 불을 밝힌 등불 속 호이안의 야경은 몽환적 분위기를 연출했다. 2시간 거리의 후에는 또 다른 역사의 산물이었다. 숨가쁘게 베트남 중부의 매력에 빠질 수밖에 없었다.

자전거도 타고 트레킹도 하며 다낭·호이안·후에·나트랑 구석구석을 눈에 담았다. 이곳은 혼자만 간직하기엔 너무 큰 사랑이 넘쳐나는 곳이었다.

다낭에서 가장 단맛 나는 장소를 정리해 4박 6일 일정으로 구성했다. 그에 더해 나트랑까지 담으며 8일 이상 둘러볼 수 있게 만들었다. 여행자들은 혼자 떠나는 자유여행을 꿈꾼다. 하지만 한 번도 자유여행을 해본 적이 없는 여행자인 경우 혼자 떠나

　는 여행에 대한 두려움에 용기를 접고 결국 여행사 상품을 선택한다. 나는 그런 여행자들이 안타까웠다. 그래서 그들이 두려움 없이 자유여행을 떠날 수 있도록 마치 현지 가이드를 동반한 것처럼 생생한 가이드북을 만들었다.

　이 책에 나온 일정대로만 움직인다면 자유여행을 전혀 두려워할 필요가 없다. 매번 한 권의 책을 만들 때마다 '여행자들에게 필요한 것은 무얼까? 가장 절실하게 원하는 것이 무얼까? 내가 만약 처음 여행을 떠났다면 무엇이 필요할까?'라는 마음으로 반성하며 여행자들에게 더 필요한 책을 만들기 위해 노력했다.

　일부 시중에 놓인 정보지들처럼 볼거리나 먹거리를 나열하는 것이 아니라 이 책에 수록된 내용만으로 충분히 다낭을 즐길 수 있도록 만들었다. 물론 다낭에는 이 책에 담지 못한 보물이 구석구석 숨어 있다. 더 많은 보물찾기는 이 책에 더해서 여행자들의 몫으로 돌린다.

　이제 예비 여행자들의 다낭 보물찾기는 시작되었다. 확신컨대 이 책을 통해 최고의 품격 있는 여행을 즐길 수 있을 것이라 자부한다. 이 책에 열정을 쏟을 수 있도록 격려와 힘을 준 원앤원콘텐츠그룹과 내 사랑하는 가족, 이번 여행에 조력자 역할을 톡톡히 해준 사랑하는 아들 석현에게 고마움을 전한다. 아주 작은 질문에도 더 큰 도움을 주기 위해 친절히 안내해준 베트남 현지인에게도 고마움을 전한다. 이 책을 통해 다낭의 매력을 오롯이 담아올 예비 여행자들에게도 감사를 전한다.

남기성

contents

지은이의 말   베트남의 진주, 다낭 4박 6일 여행기   006

PART 1   낭만이 있는 다낭, 내 생애 첫 여행

01 베트남 기본 정보   016

02 다낭 여행 준비   020
여권 및 비자 발급받기 | 항공권 구입하기 | 여행자보험 | 숙소 예약하기 | 예산계획 및 여행
짐 꾸리기 | 환전 및 신용카드 사용하기 | 베트남 유심칩 | 베트남 여행 정보 관련 사이트

03 다낭 떠나볼까?   028
출국절차(인천국제공항 출발) | 입국절차(다낭국제공항 도착) | 다낭국제공항에서 시내로 이동하기

이것만은 꼭 알고 가자
알고 가면 더 유용한 베트남 문화 및 기초 베트남어   032
다낭 자유여행을 위해 알아두어야 할 건강 관리   036
다낭에 가면 꼭 사와야 할 인기 쇼핑 목록   038
여행의 즐거움, 다낭의 먹을거리   042
여행의 즐거움을 더하는 베트남만의 매력   046
이렇게 일정을 짜면 다낭·나트랑 여행이 즐겁다   048

PART 2 씬 짜오! 역사와 휴양이 공존하는 곳, 다낭 4박 6일 여행기

첫째 날, 베트남의 숨은 진주, 다낭

이것만은 꼭 알고 가자
다낭을 알차게 즐기려면 꼭 알아야 할 것들 058

01 베트남 최대 불상이 자리한 사원, 영응사 066
영응사, 어떻게 가야 할까? | 영응사, 어떻게 즐겨볼까?

02 세계 6대 해변으로 꼽히는 눈부신 해변, 미케비치 074
미케비치, 어떻게 가야 할까? | 미케비치, 어떻게 즐겨볼까?

03 참파 왕국의 문화를 느낄 수 있는 곳, 참 조각 박물관 080
참 조각 박물관, 어떻게 가야 할까? | 참 조각 박물관, 어떻게 즐겨볼까?

04 분홍빛의 아름다운 다낭 유일의 성당, 다낭 대성당 088
다낭 대성당, 어떻게 가야 할까? | 다낭 대성당, 어떻게 즐겨볼까?

05 다낭의 최고 뷰포인트, 오행산 094
오행산, 어떻게 가야 할까? | 오행산, 어떻게 즐겨볼까?

06 다낭을 관통하는 아름다운 강, 한강 162
한강, 어떻게 즐겨볼까?

다낭, 무엇을 먹을까?
01 볼거리 풍부한 해산물 천국, 콴 바 꾸앙 108
콴 바 꾸앙, 어떻게 가야 할까?

02 다낭 정통 현지식 쌀국수, 콴 퍼 박 하이 112
콴 퍼 박 하이, 어떻게 가야 할까?

03 하노이 지방의 대표 음식인 분짜 맛집, 하노이 쓰아 116
하노이 쓰아, 어떻게 가야 할까?

04 다낭식 쌀국수 미꽝을 즐길 수 있는 곳, 미꽝 1A 120
미꽝 1A, 어떻게 가야 할까?

05 다낭 여행의 필수코스 레스토랑, 마담 란 124
마담 란, 어떻게 가야 할까?

06 오행산 자락에 위치한 최고의 맛집, 라루나 128
라루나, 어떻게 가야 할까?

07 베트남식 부침개 반쎄오 식당, 반쎄오 바융 132
반쎄오 바융, 어떻게 가야 할까?

아주 특별한 다낭
놀거리와 볼거리가 많은 다낭의 랜드마크, 아시아파크 136
아시아파크, 어떻게 즐겨볼까?

둘째 날, 세계문화유산과 멋진 야경을 가진 도시, 호이안

이것만은 꼭 알고 가자
호이안을 알차게 즐기려면 꼭 알아야 할 것들 144

01 훌쩍 떠나는 과거로의 시간여행, 호이안 올드타운 152
호이안 올드타운, 어떻게 가야 할까? | 호이안 올드타운, 어떻게 즐겨볼까?

02 낮보다 밤이 더 아름다운 도시, 호이안 164
호이안 야경, 어떻게 즐겨볼까?

호이안, 무엇을 먹을까?
01 호이안을 대표하는 가정식 맛집, 미스 리 카페 168
02 분짜 맛이 일품인 초록색 레스토랑, 포슈아 170
03 한국식 부침개인 반쎄오로 유명한 맛집, 발레웰 172
04 호이안 최고의 샌드위치를 맛볼 수 있는 곳, 반미 프엉 174
05 호이안 올드타운의 최고 찻집, 리칭 아웃 티 하우스 176
06 맛과 분위기를 함께 즐기는 아름다운 식당, 카고 클럽 178

아주 특별한 호이안
너무나 조용하고 이국적인 비치, 안방비치 180
안방비치, 어떻게 가야 할까? | 안방비치, 어떻게 즐겨볼까?

셋째 날, 베트남의 대표적인 역사·문화도시, 후에

이것만은 꼭 알고 가자
후에를 알차게 즐기려면 꼭 알아야 할 것들 192

01 베트남의 자랑스러운 세계문화유산, 후에 왕궁 200
후에 왕궁, 어떻게 가야 할까? | 후에 왕궁, 어떻게 즐겨볼까?

02 후에에서 즐기는 과거로의 역사여행, 왕릉 여행 214
왕릉, 어떻게 즐겨볼까?

후에, 무엇을 먹을까?
01 현지인들의 사랑을 받는 베트남 음식 전문점, 콤옹쯔 226
콤옹쯔, 어떻게 가야 할까?

02 유럽스타일의 퓨전 음식을 즐길 수 있는 곳, 캥거루 후에 230
캥거루 후에, 어떻게 가야 할까?

03 오랜 전통을 이어온 반베오 전문점, 항메메 234
항메메, 어떻게 가야 할까?

04 후에에서만 즐길 수 있는 후에 쌀국수, 분보후에 238
분보후에, 어떻게 가야 할까?

05 숯불고기를 얹은 후에식 비빔국수인 분팃느엉 맛집, 타이푸 242
타이푸, 어떻게 가야 할까?

아주 특별한 후에
베트남의 역사적 상징물, 티엔무 사원 246
티엔무 사원, 어떻게 가야 할까? | 티엔무 사원, 어떻게 즐겨볼까?

넷째 날, 다낭 여행의 또다른 묘미, 테마파크와 쇼핑

01 프랑스인들의 고풍스러운 별장, 바나힐 테마파크 256
바나힐 테마파크, 어떻게 가야 할까? | 바나힐 테마파크 한눈에 보기 |
바나힐 테마파크, 어떻게 즐겨볼까?

02 쇼핑리스트와 함께 즐기는 슈퍼마켓, 빅시마트 266

03 베트남 여행을 추억할 기념품 쇼핑, 롯데마트 268
롯데마트, 어떻게 즐겨볼까?

다낭, 무엇을 먹을까?
01 해장용으로 더 유명한 다낭의 어묵국수 맛집, 분짜까 109 272
분짜까 109, 어떻게 가야 할까?

02 소스 맛이 일품인 베트남식 숯불구이집, 콴 껌 후에 응온 276
콴 껌 후에 응온, 어떻게 가야 할까?

03 다낭에서 맛보는 특별한 수제버거, 버거 브로스 280
버거 브로스, 어떻게 가야 할까?

아주 특별한 다낭
현지인들의 삶을 엿볼 수 있는 재래시장, 한시장 284
한시장, 어떻게 가야 할까? | 한시장, 어떻게 즐겨볼까?

PART 3　이곳을 더 알고 싶다, 동양의 나폴리 '나트랑'

이것만은 꼭 알고 가자
나트랑을 알차게 즐기려면 꼭 알아야 할 것들　292

01 베트남의 숨겨진 보물여행, 나트랑 시티투어(1일차)　302
나트랑 시티투어, 어떻게 가야 할까? | 나트랑 시티투어, 어떻게 즐겨볼까?

02 나트랑 섬들의 여행, 호핑투어(2일차)　312
호핑투어, 어떻게 가야 할까? | 호핑투어, 어떻게 즐겨볼까?

03 혼째섬에 위치한 테마파크, 빈펄랜드(3일차)　318
빈펄랜드, 어떻게 가야 할까? | 빈펄랜드, 어떻게 즐겨볼까?

『난생 처음 다낭』 저자 심층 인터뷰　328
특별 부록　다낭 4박 6일 코스 상세 지도

한강변

PART 1

낭만이 있는 다낭,
내 생애 첫 여행

베트남의 최초 국가는 홍 왕조가 세운 반랑국이며, 이후 기원전 3세기경에 어우락 왕조가 건립되었다. 기원전 111년 전한(前漢)의 침입으로 기원후 938년까지 약 1천 년 동안 중국의 지배를 받게 되지만, 북부 베트남의 독립 투쟁으로 939년 중국의 지배에서 벗어나며, 독자적인 참파왕국의 남부 베트남까지 흡수해 500년의 역사를 이어간다. 1406년 다시 중국의 속국이 되지만 프랑스의 도움을 받은 응우엔 왕조가 '비엣남'이라는 국호로 새로운 왕조의 시대를 연다. 하지만 중국과의 외교로 프랑스에 등을 돌리면서 1883년 베트남의 전 국토가 프랑스의 식민지로 전락한다. 1930년 호찌민은 베트남 공산당을 결성해 독립을 위해 힘썼고, 제2차 세계대전으로 프랑스의 세력이 약해지자 1940년 일본의 보호국이 되었다. 그 후 1945년 일본이 패망하면서 호찌민을 주석으로 하는 베트남 민주 공화국이 수립된다. 베트남의 공산국 지지세력이 늘어나자 미국은 남베트남을 지원해 베트남 전쟁을 일으킨다. 1973년에 파리에서 평화협정이 체결된 후 미군이 철수하면서 전쟁이 막을 내리는 듯했으나 북베트남은 최후 공세를 강행했고 남베트남은 패망했다. 마침내 전쟁의 막이 내리고 1975년 북베트남을 중심으로 한 북·남베트남의 통합과 함께 하노이를 수도로 하는 베트남 사회주의 공화국이 탄생했다. 남북으로 길게 위치한 베트남의 면적은 33만km²로 한반도 면적의 1.5배이며, 북에서 남까지는 1,650km(서울~부산 453km)에 달한다. 남부 곡창지대에서는 쌀, 중부 고원지대에서는 커피·차 등이 재배되며, 해안의 유전을 비롯한 풍부한 지하자원이 매장되어 있다. 한국과는 1992년 12월 정식 수교를 이루었다.

Tip

다낭은 베트남 중부지역의 최대 상업도시로, 베트남 전쟁 당시 미국의 군사기지로 사용되었다. 현재 면적 1,256km²(제주도 1,849km²)로 호찌민, 하노이, 하이퐁 다음의 네 번째로 큰 도시다. 다낭은 다낭 도심의 한강을 기준으로 선짜반도와 시가지로 구분된다.

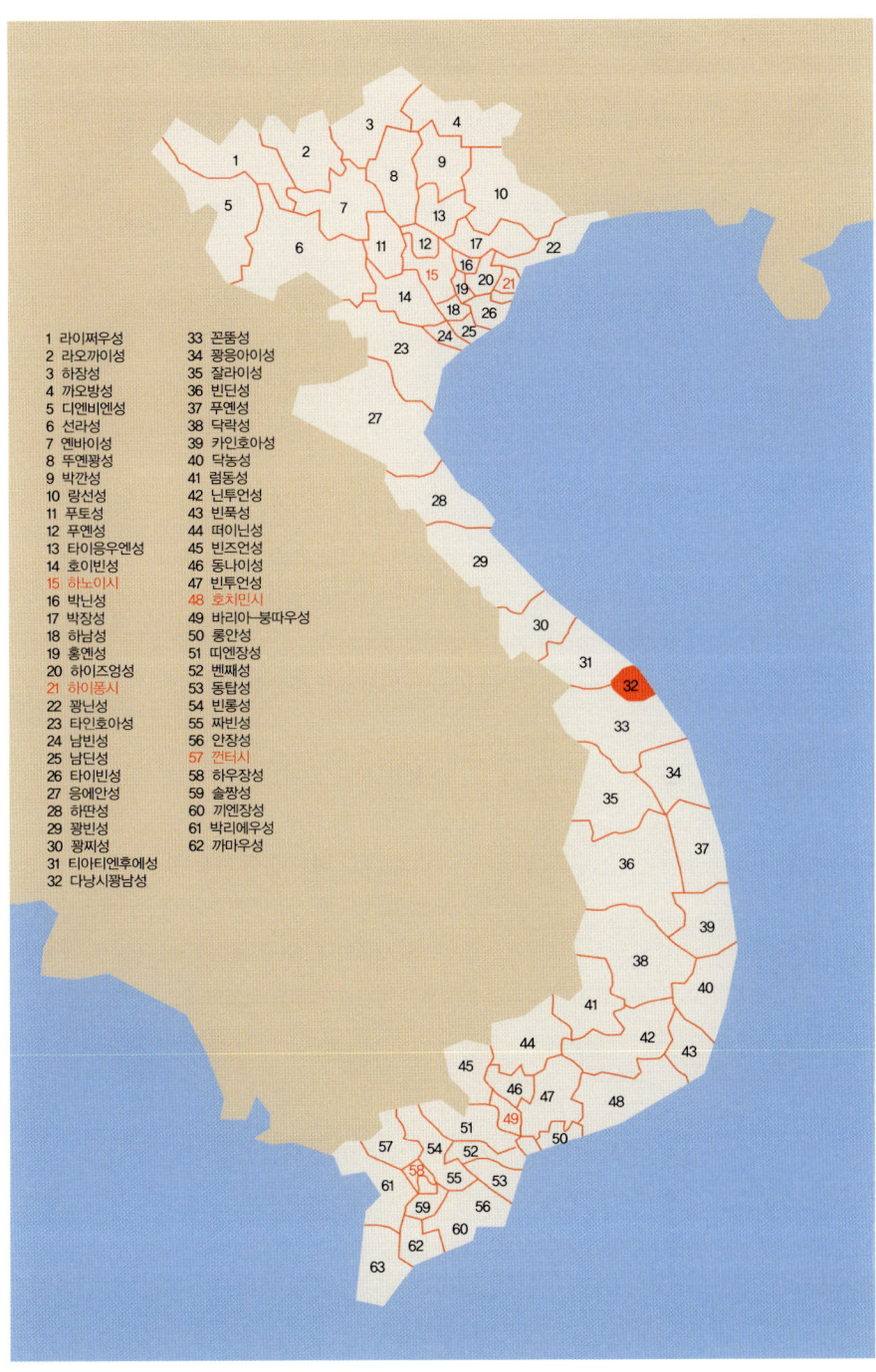

1 라이쩌우성	33 꼰뚬성
2 라오까이성	34 꽝응아이성
3 하장성	35 잘라이성
4 까오방성	36 빈딘성
5 디엔비엔성	37 푸옌성
6 선라성	38 닥락성
7 옌바이성	39 카인호아성
8 뚜옌꽝성	40 닥농성
9 박깐성	41 럼동성
10 랑선성	42 닌투언성
11 푸토성	43 빈푹성
12 푸옌성	44 떠이닌성
13 타이응우옌성	45 빈즈언성
14 호아빈성	46 동나이성
15 하노이시	47 빈투언성
16 박닌성	48 호치민시
17 박장성	49 바리아−붕따우성
18 하남성	50 롱안성
19 홍옌성	51 띠엔장성
20 하이즈엉성	52 벤째성
21 하이퐁시	53 동탑성
22 꽝닌성	54 빈롱성
23 타인호아성	55 짜빈성
24 남빈성	56 안장성
25 남딘성	57 껀터시
26 타이빈성	58 하우장성
27 응에안성	59 솔짱성
28 하띤성	60 끼엔장성
29 꽝빈성	61 박리에우성
30 꽝찌성	62 까마우성
31 티아티엔후에성	
32 다낭시꽝남성	

▶인구: 베트남 총 인구는 약 9,500만 명이며 여성 비율이 좀더 높다. 다낭에는 약 100만 명이 거주하고 있다.

▶언어: 공용어는 베트남어이며, 호텔·관광지 이외에는 영어로 소통이 불가능하다.

▶기후: 열대몬순기후로 1년 내내 무더우며, 1~7월은 건기, 8~12월은 우기로 구분된다. 다낭의 경우 2~6월이 여행하기에 최적의 시기다. 우기라고 해도 1~2시간 정도만 비가 오기 때문에 여행에는 큰 문제가 없다. 다낭의 겨울은 물이 차가워 해수욕이 불편하지만 나트랑은 겨울에도 수영을 즐기기에 무리가 없다.

▶복장: 더운 지방이므로 여름 일상복, 반바지 등을 입는 것이 좋다. 햇볕이 강렬하기 때문에 모자, 선글라스, 선크림, 샌들은 필수품이며 우산, 우비도 준비하는 것이 좋다. 다만 겨울에 방문하는 여행객이라면 일교차를 대비해 가벼운 긴팔을 준비하자.

▶시차: 우리나라보다 2시간 늦다(GMT + 7시). 예를 들어 한국이 10시일 때 베트남은 8시다.

▶통화: 화폐 단위는 동(VND)이다. 50만 동, 20만 동, 10만 동, 5만 동, 2만 동, 1만 동, 5천 동, 2천 동, 1천 동, 500동의 지폐를 주로 사용한다. 미국 달러로 환전한 후 베트남 현지 환전소나 은행에서 베트남 동으로 환전한다.

Tip

베트남 돈과 한국 돈의 값어치를 비교하고 싶다면, 베트남 돈에서 마지막 0을 뺀 후 반으로 나누어 계산하면 된다. 예를 들어 20만 동이면 '2만 동÷2 = 1만'이므로 한국 돈으로 약 1만 원 정도다.

▶환율: 1USD＝약 22,706동(2017년 5월 19일 기준)

▶팁: 원래 팁 문화가 없었으나, 외국 관광객의 유입과 관광산업의 활성화로 호텔·마사지 등의 서비스 분야에 팁 문화가 증가하고 있다. 호텔에 숙박하거나 마사지 등의 서비스를 받을 경우 통상적으로 $1~2 정도 주는 것이 좋으며, 음식점이나 택시를 이용할 경우 잔돈은 보통 팁으로 주는 경우가 많다.

▶전압: 220V, 50HZ로 별도의 어댑터 없이도 한국의 전자제품을 사용할 수 있다.

▶물: 베트남의 수돗물은 철분, 석회질 성분이 많기 때문에 식수로 사용하지 않는다. LA VIE, AQUAFINA, DASANI 같은 정제한 생수를 마트에서 구입해 마셔야 한다.

▶치안: 베트남은 대체적으로 안전하다고 알려져 있지만 관광객 밀집지역에서는 날치기(오토바이)나 소매치기 사건이 종종 발생하므로 소지품을 잘 단속하고, 낯선 이의 친절에 주의 해야 한다.

▶베트남 긴급 연락처

범죄신고 113　　　　　　　　　화재신고 114

응급상황 115　　　　　　　　　주 베트남 한국 대사관 : 04)3831-5110

Tip

베트남 관공서나 은행을 이용할 때는 점심시간(보통 11:30~13:00)을 피하는 것이 좋으며, 업무 종료시간은 보통 16:30이다.

1. 여권 및 비자 발급받기

여권 발급받기

여권용 사진 1매(6개월 이내에 촬영한 사진), 신분증을 지참하고 가까운 여권 접수처를 방문해 직접 신청하면 된다. 신청에서 수령까지 통상 1주일 정도 소요되며, 여권을 가지고 있더라도 유효기간이 6개월 미만이라면 새 여권을 발급받아야 한다. 자세한 내용은 외교부 여권 안내 홈페이지 (www.passport.go.kr)를 참조하자.

여권 접수처: 주민등록지와 상관없이 서울 25개 구청, 광역시청, 각 도청 및 전국 236개의 여권 사무 대행기관에서 접수 및 발급 가능하다.

비자 발급받기

15일 무비자: 한국 여권(여권 유효기간 6개월 이상) 소지자는 비자 없이 15일 동안 베트남 여행을 할 수 있다. 15일 무비자로 체류한 경우 체류기간을 연장할 수 없다.

15일 이상~도착비자(Visa on arrival): 15일 이상 체류하거나 베트남 출국 후 한달 내에 다시 입국을 원한다면 비자를 발급받아야 한다. 비자는 주한 베트남 대사관(비자를 미리 받고 가는 방법), 현지 여행사(베트남 공항에 도착해서 받는 방법)를 통해 발급받을 수 있다. 현지 여행사를 통해 신청할 경우 인터넷으로 현지 여행사에 신청한 뒤, 현지에서 발급해준 비자 발급 서류(초청장)를 이메일로 수령 후 출력해 베트남 공항 비자 발급 부스(Landing Visa)에서 비자를 수령해야 한다. 도착비자 신청시 비자 신청서, 여권사진 1장이 필요하며 비용은 25달러 이상이다

2. 항공권 구입하기

여행 일정이 정해졌다면 2~3개월 전에 항공권을 구입한다. 다낭은 1년 중 겨울 시즌에 성수기 요금이 적용되지만 최근 신혼여행지로 각광받으면서 비수기에도 많은 관광객들이 찾고 있다. 직항은 대한항공·아시아나항공·진에어·티웨이항공·제주항공·베트남항공이 있다. 항공권은 여행사 인터넷 사이트나 항공사 홈페이지마다 다르므로 비교해 구입하도록 하자. 베트남 국내선은 베트남항공, 비엣젯에어, 젯스타에서 운항하고 있다.

항공사 홈페이지

진에어: www.jinair.com   티웨이항공: www.twayair.com

베트남항공: www.vietnamairlines.com (국내선)   비엣젯에어: www.vietjetair.com (국내선)

젯스타: www.jetstar.com (국내선)

항공권 예약사이트

인터파크 투어: tour.interpark.com   와이페이모어: www.whypaymore.co.kr

3. 여행자보험

여행중 발생할 수 있는 사고나 질병·분실·도난 등에 대해 보상받을 수 있고, 특히 노트북·카메라 등 고가의 전자제품을 지참하는 경우가 많으므로 여행자 보험은 선택이 아닌 필수다. 물건을 잃어버린 경우 현지 경찰서를 통해 조서(police report)를 작성한 후 한국으로 돌아와 보험금을 청구하면 일정 부분을 보상받을 수 있다. 여행기간이 짧더라도 여행자 보험은 꼭 가입하는 것이 좋다.

4. 숙소 예약하기

다낭의 숙소는 민박·게스트하우스·호텔·리조트 등 조건이나 위치에 따라 다양하다. 홈페이지나 호텔 예약사이트를 통해 예약하거나 항공과 숙박을 묶어서 패키지로 판매하는 여행사에 견적을 문의해보는 것도 방법이다. 추천 숙소 정보는 일정과 함께 각 도시별로 소개했으니 참고하자.

호텔 예약 사이트

익스피디아: www.expedia.co.kr
호텔패스: www.hotelpass.com

아고다: www.agoda.co.kr
호텔스닷컴: kr.hotels.com

5. 예산계획 및 여행 짐 꾸리기

항공권을 제외한 여행 경비 중 가장 큰 비중을 차지하는 것은 숙박요금이며, 현지에서 교통·식사·투어·쇼핑 등으로 추가 비용이 발생한다. 왕복 항공료는 1인 기준 최소 20만 원에서 최대 80만 원이며, 베트남 국내선을 이용할 때 항공료는 편도 기준 $80부터다. 숙박요금은 숙소에 따라 1박 기준 $10~100 이상이고, 식사비는 무엇을 먹느냐에 따라 보통 $2~20에서 해결된다. 앞의 예시된 금액에서 예비비를 추가하면 대략적인 예산을 가늠할 수 있다. 이 책에서 제시한 4박 6일의 일정 예산은 25~26쪽에 자세히 수록했으니 참조하자.

6. 환전 및 신용카드 사용하기

환전하기
한국 원화를 달러로 환전한 후 베트남 현지에서 베트남 화폐로 환전해야 한다. 대부분의 한국 시중은행에서는 달러를 보유하고 있으므로 환전 우대쿠폰을 활용해 가까운 지점 은행에서 환전하면 된다.

신용카드
다낭 여행중에는 비상시나 고급 리조트(호텔) 체크인시 보증금을 대비해 해외에서 이용 가능한 신용카드를 소지하는 것이 좋다. 다만 해외에서 사용 가능한지, 카드 뒷면에 서명은 되어 있는지 확인해야 한다. 다낭 전역에 있는 24시간 ATM에서 출금도 가능하며 보편적이지는 않지만 고급 레스토랑이나 호텔에서도 사용할 수 있다.

7. 베트남 유심칩

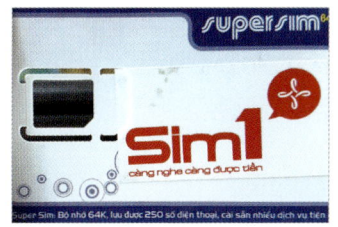

와이파이를 자유롭게 사용하고 싶다면 유심칩을 구매하는 것이 좋다. 속도는 느리지만 구글 지도·카카오톡·보이스톡·페이스북 등을 충분히 이용할 수 있고, 무엇보다 데이터 로밍 비용(24시간 기준 1만원)보다 저렴하다는 장점이 있다. 다만 베트남 유심칩을 사용하면 우리나라 통신사 유심칩을 빼야 하기 때문에 한국에서 오는 전화나 문자는 받을 수 없다. 한국에서 걸려오는 전화를 받아야 할 상황이라면 베트남 현지 유심칩을 구입해 사용하는 것보다 본인이 가입한 이동통신사에서 데이터 로밍 서비스를 신청하는 것이 좋다.

유심칩 구입처
다낭국제공항, 핸드폰 매장(Viettel, Vinaphone, Mobifone), 롯데마트 내 핸드폰 매장 등 어디서든 쉽게 구입할 수 있다. 가격은 다양하며 공항보다는 시내 쪽이 더 저렴하다.

8. 베트남 여행 정보 관련 사이트

다낭 여행을 떠나기 전에 베트남 정보를 모아놓은 사이트를 방문하면 더 많은 정보를
얻을 수 있으며, 더욱 익숙하고 친숙한 베트남 여행을 할 수 있다.

베트남 관광청: travel.tourism.vn:808(베트남 여행 정보, 비자, 입국 정보 등)

베트남 그리기: cafe.naver.com/vietnamsketch(베트남 정보, 생활, 먹거리 등)

웰컴투 베트남: cafe.naver.com/eumsuk(베트남 전문 여행사, 호텔, 항공, 투어상품)

다낭 자랑: cafe.naver.com/danang(다낭 전문 여행사, 호텔, 투어 상품 정보)

이 책에서 제시한 4박 6일 일정의 예산 알아보기(입장료는 2016년 11월, 1인 기준)

일 차	여행 일정	입장료 또는 경비	기 타
1일차 (다낭)	공항 → 호텔(택시)	10만 동	
	영응사	무료	
	미케비치	무료	
	참조각박물관	4만 동	입장료
	다낭대성당	무료	
	오행산	5만 동	입장료
	중식	10만 동	평균 식대
	석식	10만 동	평균 식대
	아시아 파크	20만 동	입장료
	교통(시내 버스+택시비)	60만 동	영응사+오행산+기타
	기타경비(음료, 유심 등)	50만 동	
	1일차 경비	169만 동	
2일차 (호이안)	다낭 → 호이안	5만 동	편도 시내버스
	호이안 올드타운	12만 동	통합입장권
	호이안 야경	10만 동	투본강 목선
	호이안 야경	1만 동	종이 등불
	호이안 야경	10만 동	씨클로
	중식	10만 동	평균 식대
	석식	10만 동	평균 식대
	안방비치	30만 동	택시비
	교통(택시비+기타)	50만 동	호이안 → 다낭
	기타경비(음료 등)	30만 동	
	2일차 경비	168만 동	
3일차 (후에)	다낭 → 후에	10만 동	오픈버스 평일기준
	후에 왕궁+왕릉	36만 동	통합입장권
	후에 왕궁	10만 동	택시비
	왕릉+티엔무 사원	55만 동	대절 택시
	중식	10만 동	평균 식대
	석식	10만 동	평균 식대
	후에 → 다낭	24만 동	기차 침대칸 기준
	기타경비(음료 등)	30만 동	
	3일차 경비	185만 동	

4일차 (다낭)	바나힐 테마파크	95만 동	일일 투어
	바나힐 테마파크 트램	7만 동	
	빅시마트	무료	
	롯데마트	무료	
	석식	10만 동	
	한시장	무료	
	교통(택시비)	20만 동	
	기타경비(음료+공항 택시비 등)	30만 동	
4일차 경비		162만 동	
총 경비		684만 동	
추가 비용	쇼핑 비용	추가	
	인천 → 다낭 항공료	추가	
	숙박비(4박)	추가	
4박 6일 총 경비		$305 + α	

Tip 2

이것만은 꼭 챙기자! 다낭 여행 준비물 체크리스트

여행 준비물	체크하기
여권(분실 대비 여권복사본과 여권용 사진 2장)	
항공권(e-ticket 출력물)	
호텔 예약증 및 호텔 주소	
여행자 보험증	
본인 명의의 신용카드	
우산 또는 우비·선글라스·선크림·냉방시설 및 겨울 날씨 대비용 옷(가디건, 가벼운 잠바)	
크로스가방(귀중품 보관)	
필기구 및 수첩	
간단한 상비약(두통약·지사제·소화제·멀미약), 모기 퇴치제, 벌레약(개미물린 곳), 홈매트	
카메라	
물놀이 준비물(수영복·비닐백·방수팩·샌들·아쿠아슈즈)	
휴대용 화장지, 물티슈, 마스크(오토바이 매연 및 비포장도로 이용시 먼지 대비)	
귀마개(장거리 이동시 소음 대비), 목 베개	

※ 게스트하우스 숙박시 비누·샴푸·수건·치약·칫솔 등 여행자들의 취향에 따라 준비

한강

1. 출국절차(인천국제공항 출발)

출국하기

대중교통을 이용해 인천국제공항에 갈 경우 공항 리무진 버스나 공항 철도를 이용한다. 전국적으로 총 18개의 리무진 버스 노선이 운행되고 있으며, 서울 및 경기권을 기준으로 약 60~90분이 소요된다. 공항철도는 지하철과 연계가 가능하며, 서울역에서 탑승하면 인천국제공항까지 약 50분 정도 걸린다.

공항 리무진 버스 홈페이지: www.airportlimousine.co.kr

코레일 공항철도 홈페이지: www.arex.or.kr

출국절차

탑승수속: 인천국제공항 3층 출국장으로 가서 본인이 이용할 항공사의 체크인 카운터(A~M)를 찾아 탑승 수속(여권, 예약확인증 제출)을 받는다.

병역신고: 병역 의무를 마치지 않은 사람은 병무청 홈페이지(www.mma.go.kr)에서 국외여행 허가를 신청해야 한다.

보안검색: 기내 반입 물품을 점검받기 위해 휴대물품을 엑스레이 벨트 위로 통과시킨다. 가방 속 노트북이나 태블릿 PC, 주머니 속 동전이나 휴대전화 등은 바구니에 별도로 담는다.

출국심사: 출국 심사대에서 여권과 탑승권을 보여주고 여권에 출국 도장을 받은 후 통과하면 출국 절차는 모두 끝난다.

비행기 탑승: 탑승권에 적힌 게이트로 출발 40분전까지 이동한다. 탑승권 게이트가 101~132번이면 셔틀 트레인을 이용해 탑승동으로 이동한다.

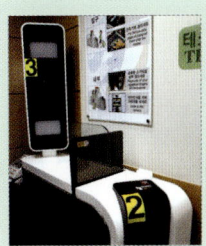
2. 입국절차(다낭국제공항 도착)

입국하기

인천국제공항에서 다낭국제공항까지는 직항일 경우 약 4시간 40분이 소요된다. 다낭국제공항은 다낭 도심에서 2km 떨어져 있다. 규모가 작지만 국제선·국내선 터미널이 모두 있다. 도착 후 입국 심사를 진행한 후 1층 수하물 벨트에서 짐을 찾으면 된다.

입국절차

베트남 입국시 입출국신고서는 작성할 필요가 없다. 한국과 15일 무비자 협정국이기 때문에 입국신고시 여권만 있으면 된다.

입국심사: 비행기에서 내리면 도착(arrival) 표지판을 따라 이동한다. 그런 다음 '입국심사대(passport control)'로 가서 직원이 있는 창구 앞 정지선에서 대기한다. 직원의 손짓에 맞추어 움직인다. 여권을 제시하면 직원이 입국 도장을 찍어준다.

수하물 찾기: 수하물(baggage claim) 표지판을 따라 이동한 뒤 수하물 코너에서 본인 짐을 찾는다.

3. 다낭국제공항에서 시내로 이동하기

다낭국제공항은 국제선과 국내선 터미널이 따로 있지만 규모가 작은 편이며, 1층은 입국장, 2층은 출국장으로 이용되고 있다. 공항 내에는 환전소, ATM, 인포메이션센터, 간단한 쇼핑 시설이 있다.

공항에서 시내로 이동하려면 호텔 픽업서비스나 택시를 이용해야 한다. 베트남 여행이 처음이라면 택시를 이용하는 것이 가장 편하고 안전하다.

택시 이용하기

다낭국제공항에서 시내로 이동하는 가장 빠르고 편한 방법이다. 공항 출구로 나온 후 정차해 있는 택시를 타고 예약한 숙소로 이동한다. 택시기사에게 숙소 이름이나 주소를 보여주면 대부분 목적지까지 찾아가준다. 택시를 이용할 때는 베트남의 대표 택시회사인 흰색의 비나선(Vinasun), 녹색의 마일린(Mailinh), 노란색의 티엔사(Tiensa)의 택시를 이용하는 것이 좋다. 시내까지 이동시간은 15~20분 정도 소요되며, 거리에 따라 다르지만 10만~15만 동(5천~8천원) 정도에 이용할 수 있다.

> **Tip**
>
>
> 다낭국제공항에 도착해서 출구로 나오면 좌우에 유심칩을 판매하는 부스를 볼 수 있다. 유심칩을 이용할 계획이라면 유심칩 판매 부스로 이동한 후 유심칩을 구입하면 된다. 또한 이 부스에서는 환전도 가능하니 급하게 환전이 필요하다면 이곳을 이용해보자.

한강

알고 가면 더 유용한
베트남 문화 및 기초 베트남어

1. 베트남 문화

① 식당

물수건·과일·빵·땅콩·과일 등 주문하지 않은 음식이나 서비스가 테이블에 기본 셋팅되어 있더라도 이는 공짜가 아니다. 이용하지 않을 거라면 사양하면 된다.

② 복장

쇼핑·도보가 아니면 긴바지를 입는다. 특히 관공서나 병원 등에 갈 때 반바지를 입고 방문하면 출입을 거부당할 수도 있다.

③ 숫자

베트남에서의 행운이자 으뜸인 숫자는 '9'이며, 불행한 숫자는 '3'이다. 특히 '13'은 액운의 상징으로 생각한다. 숫자는 홀수보다 짝수를 좋아하고, '5'는 베트남어로 '위험'이라는 단어와 비슷해 5로 끝나는 숫자는 좋아하지 않는다.

④ 뗏(Tet)

베트남의 가장 큰 명절로 설날을 의미한다. 한국처럼 어린이들에게 세뱃돈을 주며, 설날에는 쓰레기를 버리는 것을 금기시한다. 쓰레기를 버리는 것은 돈을 버리는 것과 같다고 생각하기 때문이다.

⑤ 아오자이(Ao Dai)

베트남 여성의 전통의상이다. '아오'는 옷 또는 저고리, '자이'는 길다는 뜻으로 아오자이는 '긴 옷'이라는 의미를 가진다. 중국 전통의상 치파오를 베트남의 풍토에 맞게

변형해 만든 것으로 처음에는 상류계급의 의복이었지만 지금은 일반화되어 여고생들의 교복이나 기업체 제복으로 사용된다. 일반적으로 결혼하지 않은 여성은 흰색 아오자이를, 결혼한 여성은 색깔이 있는 아오자이를 착용한다.

⑥ 논(Non)

야자나무 잎을 쪄서 만든 베트남의 전통모자로 플라스틱으로 만든 것보다 시원하다. 13~15세기에 유행하기 시작했으며 더울 때는 부채, 비가 올 때는 우산, 햇빛이 있을 때는 양산의 역할을 한다.

2. 간단한 베트남어

◈ 인사말

안녕하세요.	신 짜오, Xin chào	만나서 반갑습니다.	젓 부이 드억 갑 찌, rất vui được gặp chị
고맙습니다.	깜 언, Cảm ơn	미안합니다.	씬 로이, Xin lỗi
예/아니오	벙, Vâng / 콩, Không	한국사람입니다.	또이 라 응어이 한 꾸옥, tôi là người Hàn Quốc
괜찮습니다.	꽁 싸오, Không sao	도와주세요.	하이 쥽 또이, hãy giúp tôi

◈ 숫자

1	못, Một	6	싸우, sáu	20	하이 므어이, hai mươi
2	하이, hai	7	바이, bảy	30	바 므어이, ba mươi
3	바, ba	8	땀, tám	100	못짬, Một trăm
4	본, bốn	9	찐, chín	200	하이짬, hai trăm
5	남, năm	10	므어이, Mười	300	바짬, ba trăm

◈ 단어

공항	썬바이, Sân bay	천천히, 서서히	뜨뜨, Tư tư
선풍기	꾸악마이, Quạt máy	호텔	깍산, khách sạn
물	느억, nước	냉장고	뚜우라인, tu lanh
에어컨	마이 란, máy lạnh	병원	베인비엔, benh vien
은행	년항, Ngân hàng	경찰	꽁안, công an
화장실	냐베씬, Nhà vệ sinh	시장	쩌, cho

◈ 기본표현

얼마입니까?	바오 니에우, bao nhiêu?	맛있다.	응온 람, Ngon lam
비싸다.	닷 꽈, Dat qua	고수 빼주세요.	또이 콤 안 라우 텀, Tôi không ăn rau thơm
깎아주세요.	얌야디, Giảm giá đi	계산서 주세요.	람 언 쪼 또이 쎔 화 던, Làm ơn cho tôi xem hóa đơn
배고프다.	히우 카오, dói bụng	아프다.	다우, đau
더워요.	농, nóng	화장실은 어디입니까?	퐁베신어더우, Phòng vệ sinh ở đâu

용교

다낭 자유여행을 위해
알아두어야 할 건강 관리

1. 주의해야 할 질병

① 장티푸스

오염된 물이나 비위생적인 음식으로 인한 세균성 질병이다. 장티푸스에 감염되면 설사·식욕부진·발열 증세가 나타난다. 베트남 여행시 반드시 생수를 사서 마셔야 하며 길거리 음식을 최대한 피하는 것이 최선의 방법이다. 예방을 위해서는 출발 2주 전에 가까운 보건소나 병원에서 접종을 하는 것이 좋다.

② 뎅기열

뎅기열 바이러스에 감염된 모기에 물려 발생하며, 갑작스러운 고열·두통·근육통·관절통의 증상이 나타난다. 우기가 시작되면 발생할 확률이 높아진다. 외출할 때는 모기 기피제를 사용하는 것이 좋다.

③ 설사

다낭 여행중 위생적이지 않은 음식을 섭취할 경우 발생할 수 있다. 길거리에서 파는 얼음이 들어간 음료는 가급적 피하는 것이 가장 좋은 예방법이다. 설사에 대비해 비상약을 준비해두는 것이 좋다.

2. 다낭 병원

여행중 응급상황이 발생하지 않으면 좋겠지만 만일을 대비해야 한다. 응급상황이 발생하면 당황하지 말고 침착하게 대처할 필요가 있다. 다낭의 5성급 리조트에는 응급

조치가 가능한 직원이 상주해 있기 때문에 응급상황이 발생했다면 리조트 내 직원에게 알리고 조치를 받은 후 병원으로 이동하는 것이 좋다. 리조트가 아닌 외부에서 응급상황이 발생할 경우를 위해 조치를 받을 수 있는 병원을 소개한다.

① Hoan My Da Nang Hospital
다낭에서 가장 좋은 시설을 자랑하는 종합병원이다.

◆**주소:** 161 Nguyen Van Linh St., Thanh Khe Dist., Da Nang ◆**전화번호:** (+84)236-3650-676 ◆**홈페이지:** www.hoanmy.com

② Family Medical Practice
국제병원으로 영어로 진료를 받을 수 있는 종합병원이다.

◆**주소:** 50-52 Nguyen Van Linh St., Hai Chau Dist., Da Nang ◆**전화번호:** (+84)511-3582-699 ◆**홈페이지:** www.vietnammedicalpractice.com

③ Benh Vien Mat
눈병이 발생했을 경우 진료를 받을 수 있는 안과병원이다.

◆**주소:** 66 Phan Dang Luu Da Nang ◆**전화번호:** (+84)236-3624-283

3. 다낭 빨래방

여행중 가장 신경 쓰이는 것이 빨래다. 특히 다낭처럼 무더위가 기승을 부리거나 물놀이를 자주하는 곳에서는 하루에도 몇 벌의 옷을 갈아입어야 할 경우가 있다. 다낭 호텔내에서 빨래방을 운영하기도 하며, 고급 리조트 앞에서 간판 없는 빨래방들을 찾을 수 있다. 아침에 빨래를 맡기면 저녁에 찾을 수 있으며 비용은 1kg에 $1~2 정도다.

다낭에 가면 꼭 사와야 할
인기 쇼핑 목록

G7커피

1천개 이상의 매장을 가진 쭝웬커피의 대표 상품이다. G7 커피는 카푸치노 헤일즐넛, 카푸치노 모카, 카푸치노 아이리쉬, 인스턴트 블랙커피, 믹스커피 등 종류가 다양하다. 단 커피를 원한다면 'White Coffee'를 구입하면 된다.

◆**구입:** 다낭 커피하우스, 롯데마트, 빅시마트

콘삭커피(Con Soc Coffee)

일명 '다람쥐 똥 커피'로, 커피열매를 먹은 다람쥐의 배설물에서 커피콩을 채취해 깨끗하게 세척하고 말려 볶은 매우 희귀한 커피다. 실제 시중에 유통되는 커피는 다람쥐 똥의 씨앗을 이용하지 않고 비슷한 맛을 내도록 발효시킨 것이다. 물론 오리지날 콘삭커피도 있지만 kg당 몇 천 달러를 호가한다.

◆**구입:** 다낭 커피하우스, 롯데마트, 빅시마트

하이랜드 커피(Highlands Coffee)

베트남 최대 커피 체인점인 하이랜드에서 판매하는 커피다. 선물용의 인스턴트 커피와 원두커피가 있다. 원두커피는 커피 필터기가 있어야 커피를 내릴 수 있다.

◆**구입:** 롯데마트, 빅시마트

위즐커피(Weasel Coffee)

사향족제비가 먹은 커피열매의 배설물인 커피콩을 세척·건조한 것이다. 배설된 커피콩은 쓴맛과 떫은 맛이 제거되어 독특한 맛을 낸다.

◆**구입:** 커피하우스, 롯데마트, 빅시마트

차

베트남은 차가 유명한 곳이다. 달랏 지역의 특산물로 콜레스테롤을 낮추어주는 아티초크차가 유명하다. 그 외에도 우롱차·홍차·노니차 등의 건강차도 쇼핑 리스트 중 하나다.

◆**구입:** 롯데마트, 빅시마트

캐슈넛

캐슈나무의 열매인 너트를 볶아서 소금을 쳐서 만든 견과류의 일종이다. 강하지 않은 향과 담백하고 고소한 맛이 특징으로, 술안주나 아이들 간식으로 제격이다.

◆**구입:** 롯데마트, 빅시마트

비퐁 쌀국수(pho bo)

뜨거운 물만 부으면 쉽게 먹을 수 있는 인스턴트 쌀국수로 베트남 추억여행을 즐기기엔 그만인 먹을거리다.

◆**구입:** 롯데마트, 빅시마트

비나밋(vinamit)

무설탕, 무합성첨가물 과일칩이다. 튀기지 않은 것이 특징이며, 바나나·고구마 등 종류가 다양하다. 간식거리로 좋다.

◆**구입:** 롯데마트, 빅시마트

인스턴트 라면

한국 라면 맛과 별 차이 없어 베트남 여행시 한국 라면이 그리울 때 구입하면 좋다. 컵라면처럼 그릇에 라면을 넣고 뜨거운 물만 부어주면 된다.

◆ **구입:** 롯데마트, 빅시마트

전통모자 농

베트남의 가장 전통적인 모자로 강한 햇살이나 소나기를 피하는 데 사용할 수 있다. 농은 베트남 여행시 유용하다. 또한 한국에서는 장식용으로도 사용할 수도 있다.

◆ **구입:** 롯데마트, 빅시마트

커피 핀

커피를 내려 마실 때나 차를 우려낼 때 사용하는 물건이다. 가격도 비싸지 않으므로 하나 정도 구입하면 유용하게 사용할 수 있을 것이다.

◆ **구입:** 롯데마트, 빅시마트

야생 꿀

베트남은 청정국가다. 자연이 살아 있는 곳에서 생산된 야생 꿀은 대표 쇼핑목록 중 하나다.

◆ **구입:** 롯데마트, 빅시마트

다기세트

베트남은 차를 많이 마시기 때문에 쇼핑몰 어디에
서든지 다기 세트를 쉽게 볼 수 있다. 한국에서도
쉽게 구할 수 있지만 더 알찬 가격에 구입을 원하
면 쇼핑목록에 추가해볼 만하다.

◆**구입**: 롯데마트, 빅시마트

수공예품

베트남 사람들은 손재주가 좋아 고급스러운 수공
예품이 많다. 특히 직물로 만들어진 소품과 과일
세트 공예품·코스터·마그넷 등은 가까운 지인들
에게 선물하기에 좋다.

◆**구입**: 호이안 야시장

Tip

베트남 커피

베트남은 프랑스 식민지를 겪으면서 커피를 생산하기 시작했으며, 원두 생산량은 세계 2위에 해당하는 커
피 강국이다. 베트남 커피는 쓰기 때문에 연유를 타서 마신다. 커피는 '카페', 뜨거운 물은 '농', 연유는 '쓰
어', 얼음은 '다'라고 한다. 베트남은 더운 날씨 탓에 아이스 커피를 즐겨 마신다.

커피 메뉴

카페 쓰어 다

카페 쓰어 농

카페 덴 다

카페 덴 농

카페 쓰어 다: 연유가 들어간 아이스 커피로, 한국 여행자들이 가장 많이 찾는다. 연유와 얼음 때문에 달고
시원한 맛을 즐길 수 있다.
카페 쓰어 농: 연유가 들어간 뜨거운 커피를 말한다.
카페 덴 다: 커피 핀으로 내린 뜨거운 커피에 얼음을 넣어 녹여 마시는 아이스 블랙커피다.
카페 덴 농: 커피 핀으로 내린 뜨거운 커피로 진한 맛이 특징이다.

여행의 즐거움,
다낭의 먹을거리

퍼(Pho)

소뼈를 넣고 끓인 육수에 가는 면을 넣어준다. 고명으로 올라온 돼지고기나 소고기에 각종 야채를 곁들여 먹는다. 고명으로 소고기가 올라오면 '퍼 보(Pho Bo)', 닭고기가 올라오면 '퍼 가(Pho Ga)'라고 한다.

미꽝(Mì Quảng)

다낭의 대표 쌀국수로 '미'는 '노란색 쌀면', '꽝'은 '꽝남 지방'을 의미한다. 면은 우동처럼 굵고, 국물은 조금만 들어가며, 땅콩가루와 각종 고기를 고명으로 넣는 것이 특징이다. 고명은 새우·닭고기·돼지고기 등에서 선택할 수 있다.

분짜까(Bún chả cá)

다낭을 대표하는 어묵국수다. 매콤한 국물 맛이 일품인 면 요리다.

분보후에(Bún bò Huế)

후에 지방의 전통음식으로 퍼보다는 면이 굵으며 소고기 고명과 생야채, 매콤한 양념을 첨가해 국물이 얼큰한 것이 특징이다.

분팃느엉(Bún thịt nướng)

후에 지방의 음식으로 얇은 면에 새콤달콤한 야채와 숯불고기를 고명으로 올려 소스에 비벼 먹는 비빔국수다.

분짜(Bún chả)

북부 하노이 지방의 대표 음식으로 쌀국수에 숯불 돼지고기 완자와 채소를 넣어서 먹는 음식이다. 돼지고기 완자는 느억맘(멸치를 발효시킨 베트남 소스) 소스에 찍어 먹기도 한다.

고이꾸온(Gỏi cuốn)
삶은 새우, 가는 쌀국수·부추·향
채 등을 라이스 페이퍼에 말아서
먹는 월남쌈으로 베트남 전통음
식이다.

반세오(Bánh xèo)
쌀가루에 새우·돼지고기·숙주·
각종 야채 등을 넣고 반죽해 구워
내는 한국식 부침개다.

반베오(Bánh Bèo)
후에의 전통음식으로 익힌 쌀 반
죽에 새우·땅콩가루를 뿌려서 먹
는다. 대개 느억맘 소스에 찍어 먹
는다.

러우(Lẩu)
해물을 넣고 진하게 우려낸 육수
에 고기·야채 등을 넣어 익혀 먹
는 베트남식 샤브샤브 요리다.

까오러우(Cao Lẩu)
호이안 3대 음식 중 하나로 호이
안 쌀로 만든 면에 돼지고기·숙
주·야채 등을 비벼 먹는 비빔국
수다.

화이트 로즈(White Rose)
백장미처럼 예쁜 흰색의 물만두
로 호이안 음식이다. 면피의 쫄
깃함과 담백함이 특징이다.

프라이드 완탄(Fried Wontons)

까오러우와 함께 호이안 3대 음식 중 하나다. 새우·고기 등을 넣고 튀긴 만두피에 토마토 소스를 올린 음식으로 새콤한 맛이 특징이다.

반미(Bánh mi)

프랑스 식민지배의 영향을 받아 탄생한 샌드위치다. 베트남식 바게트에 숯불에 구운 고기와 야채를 넣어 만든다. 베트남 여행시 길거리에서 흔하게 볼 수 있는 대표 음식이다.

쩨(Chè)

얼음을 갈은 후 콩·녹두·팥·젤리 등 다양한 재료를 올려서 먹는 한국식 컵 빙수로 중독성 강한 베트남 전통음료다.

신또(Shinh To)

쩨가 콩·팥 등의 곡물을 주재료로 만든 컵 빙수라면 신또는 과일이 주재료인 과일 빙수다. 열대과일이 풍부한 베트남에서 쉽게 접할 수 있다.

늑윽미아(Nuoc Mia)

사탕수수 즙으로 만들며, 베트남 길거리에서 흔하게 볼 수 있는 음료로 달콤한 사탕수수맛이 특징이다.

코코넛(Trai Dua)

베트남에서는 '짜이즈어'라고 불린다. 길거리에서는 코코넛을 깎아서 파는 사람들이 많다. 속에는 흰 젤리 같은 것이 있는데 몸에도 좋고 맛도 좋다.

라루(LARUE)

호랑이 그림이 그려진 베트남 맥주로 1971년 설립된 라오 브루어리 컴퍼니에서에서 생산한다. 도수는 4.5도로 강한 첫 맛이 인상적이다.

> **Tip**
>
> 베트남 음식은 깔끔하고 담백한 것이 많아 한국인도 쉽게 즐길 수 있다. 가장 기본은 밥과 국수이며, 밥은 주로 덮밥처럼 먹고 국수는 신선한 채소·고추·소스를 첨가해 먹는다. 진한 향을 싫어한다면 고수가 빠진 요리를 주문하자.

송한교

여행의 즐거움을 더하는
베트남만의 매력

1. 베트남 열대과일

용과(Dragon fruit)
선인장 열매로 속이 빨간 것은 달
고 맛나며 속이 하얀 것은 단맛이
없는 키위를 먹는 듯하다. 적색
용과는 비타민c가 풍부하며, 암
과 심장병을 예방하는 것으로 알
려져 있다.

망고스틴(Mangosteen)
'열대과일의 여왕'이라고 불리는
망고스틴은 즙이 많고 새콤달콤
한 것이 특징이다. 잘못 고르면
떫은맛도 있다. 수분 증발이 덜
된 꼭지가 녹색인 게 좋고, 큰 것
보다는 작은 것이 좋다.

람부탄(Rambutans)
한국인에게는 생소하지만 베트
남에서 흔한 과일이다. 단맛이
나며 쫄깃하다. 털이 검은색으
로 변한 것은 싱싱하지 않은 것
이다. 성게모양에 머리카락 같은
털이 있다.

두리안(durian)
양파가 썩는 것 같은 고약한 냄새
가 나지만 '과일의 왕'이라고 불리
며 달콤하고 감칠맛이 난다.

슈가애플(sugar apples)
배와 맛이 비슷하며 베트남 사람
들이 좋아하는 과일이다. 큰 솔
방울처럼 생겼다.

스타프루트(star fruit)
단면이 별 모양이며, 노란색이
완전히 익은 것이다. 과즙이 풍
부해 주스로 많이 이용한다.

2. 다낭 여행에서 꼭 해야 할 12가지

해변 즐기기(다낭)

한강변 즐기기(다낭)

마사지로 힐링하기(다낭)

바나힐 테마파크 케이블카 즐기기
(다낭)

용다리 불쇼·물쇼
(다낭)

신선한 해산물 즐기기
(다낭)

시원한 카페에서 베트남 커피 한 잔
(다낭·호이안·후에)

길거리 음식 정복하기
(다낭·호이안·후에)

야경 즐기기(호이안)

씨클로 및 자전거 즐기기
(호이안)

호이안 올드타운 탐방
(호이안)

왕궁 탐방하기(후에)

이것만은 꼭 알고 가자 ⑥

이렇게 일정을 짜면
다낭·나트랑 여행이 즐겁다

◈ 3박 5일

1일차: 다낭국제공항 도착, 호텔 투숙 후 해변 즐기기

2일차: 다낭 시내 관광 및 오후 호이안으로 이동해 야경 즐기기

3일차: 다낭 바나힐 테마파크 관광

4일차: 오전 자유시간 후 출국

◈ 4박 6일 추천 루트 1안(이 책의 목차 참조)

1일차: 다낭국제공항 도착 및 호텔 투숙 후 해변 즐기기

2일차: 다낭 시내 관광 및 야경 즐기기

3일차: 호이안 관광

4일차: 후에 관광

5일차: 오전 자유시간 후 출국 or 바나힐 테마파크 관광 후 출국

◈ 4박 6일 추천 루트 2안

1일차: 다낭국제공항 도착 및 오후 다낭 시내 관광

2일차: 호이안 관광

3일차: 후에 관광

4일차: 다낭 바나힐 테마파크 관광 후 야경 즐기기

5일차: 오전 해변 관광 후 출국

◈ **5박 7일**

1일차: 다낭국제공항 도착 및 호텔 투숙 후 해변 즐기기

2일차: 다낭 시내 관광 및 야경 즐기기

3일차: 호이안 관광

4일차: 후에로 이동해 후에 왕궁 관광

5일차: 후에 왕릉 관광 후 다낭으로 귀환해 자유시간 즐기기

6일차: 바나힐 테마파크 관광 후 출국

◈ **6박 8일**

1일차: 다낭국제공항 도착 및 호텔 투숙 후 해변 즐기기

2일차: 다낭 시내 관광 및 야경 즐기기

3일차: 호이안 관광

4일차: 후에로 이동해 후에 왕궁 관광

5일차: 후에 왕릉 반일 투어 후 다낭 귀환

6일차: 다낭 바나힐 테마파크 관광

7일차: 오전 자유시간 후 출국

◈ **8박 9일 추천 루트 1안**

1일차: 다낭국제공항 도착 및 호텔 투숙 후 해변 즐기기

2일차: 다낭 시내 관광

3일차: 다낭 바나힐 테마파크 관광

4일차: 후에로 이동해 후에 왕궁 관광

5일차: 후에 왕릉 관광 후 호이안 이동

6일차: 호이안 관광 후 저녁 슬리핑 버스로 나트랑 이동

7일차: 나트랑 시내 관광

8일차: 나트랑 빈펄랜드 관광 후 저녁 슬리핑 버스로 다낭 귀환

9일차: 다낭 자유시간 후 출국

◈ 8박 9일 추천 루트 2안

1일차: 다낭국제공항 도착 및 호텔 투숙 후 해변 즐기기

2일차: 다낭 시내 관광

3일차: 다낭 바나힐 테마파크 관광

4일차: 호이안으로 이동해 호이안 관광

5일차: 오전에 나트랑으로 이동

6일차: 나트랑 시내 관광

7일차: 나트랑 빈펄랜드 관광

8일차: 나트랑 호핑 투어 후 저녁 슬리핑 버스로 다낭 귀환

9일차: 오전 자유시간 후 출국

SUN WHEEL

아시아파크

PART 2

신 짜오! 역사와 휴양이 공존하는 곳,
다낭 4박 6일 여행기

첫째 날,
베트남의 숨은 진주,
다낭

Da Nang

베트남 중부에는 '숨은 진주'라고 불리며 보석 같은 해변을 간직한 다낭이 있다. 한국 여행자들이 베트남 여행중 가장 많이 찾는 도시인 다낭은 곳곳에 볼거리와 먹을거리로 가득하다. 다낭 여행의 첫날, 역동적 삶의 현장인 시내 관광으로 다낭을 만나보자. 다낭 여행의 가장 핫한 일정을 소개한다. 길거리 음식도 먹고 그들의 삶도 들여다보며 평화로운 하루를 즐겨보자.

첫째 날 일정 한눈에 보기

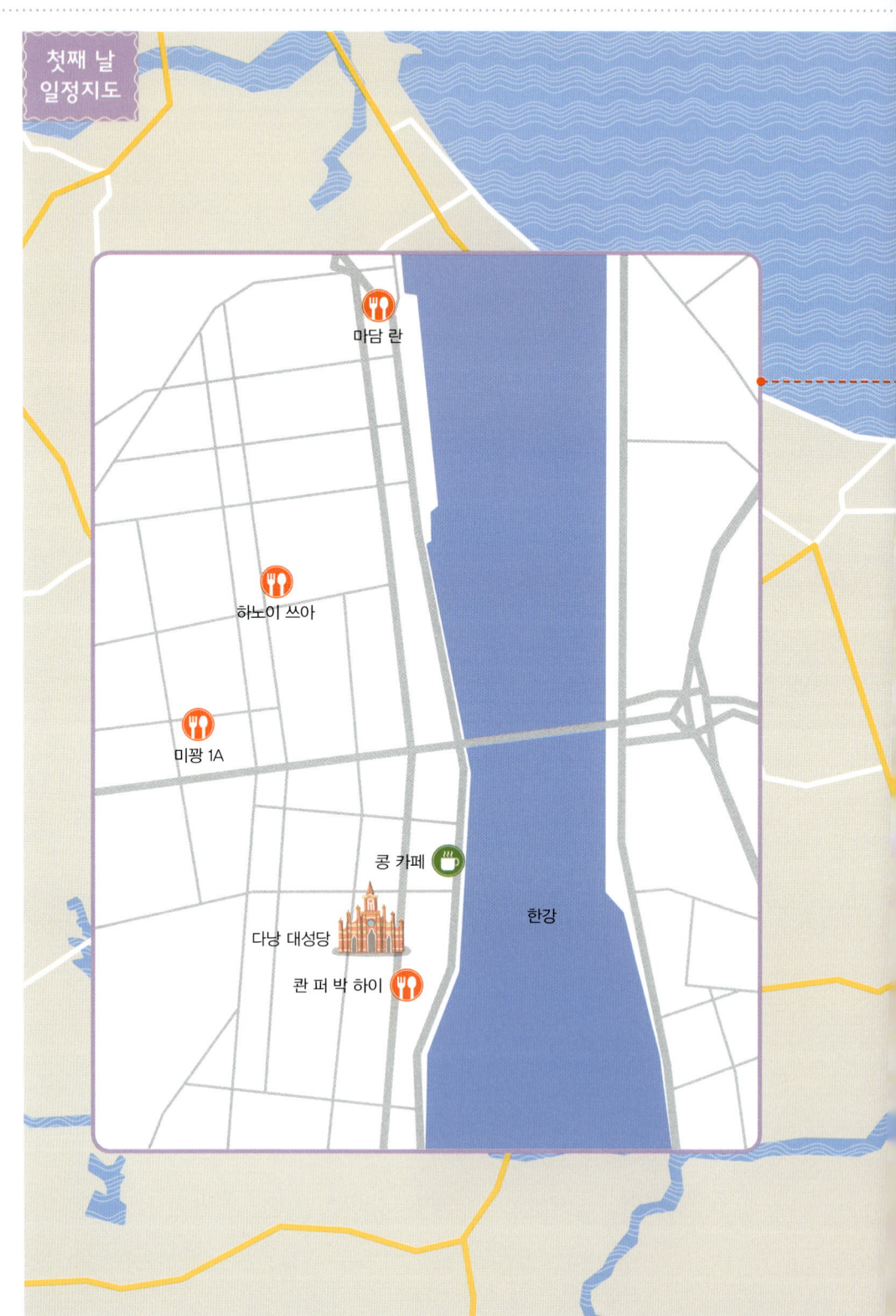

마담 란

하노이 쓰아

미꽝 1A

콩 카페

다낭 대성당

한강

콴 퍼 박 하이

영웅사

참 조각 박물관

미케비치

반쎄오 바융

아시아 파크

오행산

라루나

다낭을 알차게 즐기려면
꼭 알아야 할 것들

1. 에메랄드 빛 휴양도시 다낭

'큰 강의 입구'라는 뜻의 다낭은 베트남 중부지방의 주요 항구도시이며, 횡단 도로망 계획에 따라 미얀마·태국·라오스·베트남을 잇는 베트남 중부의 최대 상업도시다. 도심에는 한강(Song Han)이 흐르며, 한강을 기준으로 선짜반도와 시가지로 구분된다. 해안에 자리한 고급 리조트에서 망중한의 시간을 보내거나, 대리석 산 5개가 모여 장관을 이루고 있는 '오행산', 베트남에서 가장 큰 해수관음상이 있는 '영웅사', 참파 왕국의 역사가 보존되어 있는 '참 조각 박물관', 해발 1,487m에 위치한 '바나힐 테마파크'에 방문할 수도 있다. 또한 근교에 위치한 고풍스런 구시가지 '호이안 올드타운', 응우옌 왕조의 유적지로 유명한 '후에'를 둘러볼 수 있다. 베트남의 대표적인 휴양도시 다낭에서 가슴 뛰는 낭만 여행을 즐겨보자.

Tip

여행중 가장 신경 쓰이는 것이 빨래다. 특히 다낭처럼 무더위가 기승을 부리거나 물놀이를 자주 하는 곳에서는 하루에도 몇 번씩 옷을 갈아입어야 한다. 호텔에서는 자체적으로 빨래방을 운영하며 아침에 옷을 맡기면 저녁에 찾을 수 있기 때문에 호텔 내 빨래방을 이용하는 것이 편리하다. 비용은 1kg에 $1~20이다.

 큰 강의 입구
'다낭'

2. 다낭 교통

택시

공항에서 호텔, 다낭 시내, 바나힐, 호이안 등을 갈 때 주로 이용하며, 미터기가 있어 편리하다. 미터기를 통해 가격을 확인할 때 주의할 점이 있다. 미터기에 나오는 금액은 점(.) 뒤의 3자리가 생략되어 있는 것으로, 실제 가격은 점에 '0'을 붙여 점 뒤를 3자리로 만들어야 한다. 예를 들어 미터기에 '470.0'으로 표시되어 있다면 실제 가격은 47만 동이며, 47.9로 표시되었다면 4만 7,900동이라고 생각하면 된다. 하지만 바나힐이나 호이안에 갈 때는 미터기보다 흥정을 하는 것이 더 저렴하게 택시를 이용하는 방법이다.

① 다낭 시내~호이안(32km): 편도 30만 동, 왕복 50만 동(4시간 대기)
② 다낭 시내~바나힐(45km): 편도 40만 동, 왕복 60만 동(4시간 대기)

버스

여행자들이 가장 많이 이용하는 버스는 1번 버스로 다낭 대성당·오행산·호이안을 연결한다. 요금은 2만 동이지만 버스표가 따로 있지 않아 외국인에게는 5만 동 이상의 버스비를 요구할 정도로 바가지가 심하다. 다낭 대성당에서 호이안까지는 1시간 넘게 소요된다.

쎄쿱옴(오토바이 택시) 또는 씨클로

쎄쿱은 '오토바이', 옴은 '껴안다'라는 뜻으로 쎄쿱옴은 '오토바이 택시'를 말하며, 줄여서 '쎄옴'이라고 한다. 씨클로는 자전거를 개조해 앞쪽에 좌석을 만든 것으로 관광객들이 한 번쯤 이용하는 교통수단이다. 천천히 시내를 돌아볼 때 유용하다. 다만 씨클로 탑승시 짐은 둘러메지 말고 앞으로 끌어안고 타는 것이 안전하며, 타기 전에 반드시 흥정을 하자.

오토바이 또는 자전거

다낭의 구석구석을 둘러볼 여행자들은 오토바이 또는 자전거를 렌트해보자. 다낭 시내에서는 오토바이 렌트하는 곳을 쉽게 찾을 수 있으며, 1일 렌트 비용은 15만~20만 동 정도다. 다만 오토바이 이용시 헬멧 같은 보호장구는 꼭 착용해야 하며, 뺑소니 사고나 오토바이 접촉 사고, 오토바이 분실 등에 주의해야 한다. 비치리조트에서는 자전거를 무료로 대여할 수 있으며, 다낭 시내에도 자전거 대여점이 있다.

3. 다낭 마사지

베트남 여행에서 가장 많이 접하는 것이 마사지 숍이다. 발과 다리에 집중하는 발마사지, 샤워·사우나 후 전신에 하는 전신 마사지, 영양공급, 피질제거에 집중하는 뷰티 살롱 마사지 등이 있다.

노아 스파(Noha Spa)

다낭 도심지에 위치한 마사지 숍으로, 로컬 마사지보다 가격이 2배 정도 비싸지만 최고의 서비스를 자랑한다. 마사지실은 2인실·3인실·4인실로 이루어져 있으며, 마사지 전에 6가지의 아로마향 중에서 본인이 좋아하는 것을 선택할 수 있다. 다낭 최고시설을 자랑하는 만큼 여행자들이 가장 많이 찾는 곳이므로 예약은 필수다.

◆ **이메일:** noahspadn@gmai.com ◆ **주소:** C1-21 Pham Van Dong, Son Tra District ◆ **영업시간:** 10:00~23:00 ◆ **가격:** 44만 동(Aroma theraphy 60분 기준)

아지트(Azit)

다낭 여행의 정거장과도 같은 마사지 숍이다. 저녁 비행기를 위해 짐도 보관할 수 있어 많은 여행자들이 찾는다. 마사지 기술 및 서비스도 최고다. 일반 택시 비용으로 공항까지 이동하는 픽업·샌딩서비스도 있다.

◆ **주소:** 16 Phan Boi Chau, quan Hai Chau, TP Da nang Shop. AZIT
◆ **홈페이지:** www.azit1.com ◆ **이메일:** kyk_wow@naver.com ◆ **영업시간:**
10:00~23:00 ◆ **가격:** $16(아로마 바디 + 풋 60분, 팁 별도)

퀸 스파(Queen Spa)

오일 로션 마사지 후 달구어진 대나무 봉으로 몸 구석구석을 마사지해주는 대나무 바디 마사지가 유명하다.

◆ **주소:** 144 Pham Cu Luong St., Son Tra District ◆ **홈페이지:** queenspa.
vn ◆ **이메일:** queenspadn@gmail.com ◆ **영업시간:** 08:30~21:00 ◆ **가격:**
52만 동(대나무 바디 마사지)

4. 다낭 숙소

해변을 따라 많은 고급 리조트들이 위치해 있으며 최근 관광객의 급증으로 예약은 필수다. 해변의 고급 리조트 대부분은 공항픽업서비스, 호이안행 유료 셔틀버스를 운영하고 있다.

5성급 고급 호텔($130~)

▶하얏트 리젠시 다낭 리조트(Hyatt Regency Danang Resort)

해변이 보여 전망이 좋고, 객실 상태가 양호하며 무엇보다 깨끗하고 현대적이다. 1층의 게스트룸, 2층의 오션뷰 게스트룸, 3층의 스위트룸으로 구성되어 있다. 로비층과 객실 현관이 2층에 있기 때문에 2층에 투숙하는 것이 편하다. 호이안 간 유료 셔틀버스를 운행한다.

◆ **홈페이지:** danang.regency.hyatt.com

▶빈펄 리조트(Vinpearl Da Nang Resort & Villas)

유럽풍 외관의 고급스러움과 바다가 보이는 아름다운 전망을 자랑한다. 다낭 내에서 가장 큰 키즈클럽이 있어 아이를 동반한 가족 여행자들이 많이 선호한다.

◆홈페이지: www.vinpearl.com

▶퓨전 마이아 리조트(Fusion Maia Resort)

객실마다 수영장을 갖춘 풀 빌라 형태로 언제·어디서든지 조식이 가능하다. 1일 2회 무료 마사지를 제공하고, 호이안 이동시 무료 셔틀버스가 운영되며, 호이안 내 위치한 퓨전카페에서 무료로 커피도 즐길 수 있다.

◆홈페이지: www.fusionmaiadanang.com

▶프리미어 빌리지 리조트(Premier Village)

가족 여행자들을 위한 안성맞춤형 리조트다. 풀 빌라 형태로 객실마다 개별 수영장이 있고, 1층은 거실·주방·화장실, 2층은 마스터룸으로 이루어진 구조다. 1층 주방에는 콘도식으로 요리기구와 식기세트가 구비되어 있어 조리도 가능하다. 리조트 내에서는 해변 이동시 버기(골프카 형태)를 타고 이동한다. 버기는 리셉션에 요구하면 10분 내에 도착한다.

◆홈페이지: premier-village-danang.com/ko

▶풀만 다낭 비치 리조트(Pullman Danang Beach Resort)

직원들이 무척 친절하며, 다낭 도심지로의 이동이 편리한 곳에 위치해 있다. 객실은 넓고 깨끗하며, 메인 수영장과 미케비치가 연결되어 있다. 또한 유아를 위한 수영장 시설도 갖추고 있다.

◆홈페이지: www.pullman-danang.com

▶나만 리트리트 리조트(Naman Retreat Resort)

자연친화적 호텔로 해변과 떨어진 바빌론(빌딩형)과 풀 빌라형으로 운영한다. 풀 빌라는 외부에서 내부가 보이지 않아 개인 사생활이 보장되며, 1층·2층 구조로 이루어져 가족이나 신혼부부 여행자들이 투숙하기에 좋다.

◆홈페이지: www.namanretreat.com

4성급 중급 호텔($50~)

▶알라카르트 호텔(A La Carte Danang Beach)

23층에 위치한 루프탑 수영장으로 유명한 곳이다. 욕실과 침실이 완전 개방형 구조이며 객실 내에는 요리를 할 수 있는 주방시설이 갖추어져 있다. 호텔 길 건너에 비치가 있으며, 다낭 시내와 가까이에 있다.

◆홈페이지: alacarteliving.com

▶멜리아 다낭 리조트(Melia danang Resort)

생각보다 규모는 작지만 가성비 최고의 호텔로, 게스트룸(호텔식 5층)과 레벨룸(독채형)으로 조성되어 있다. 바다쪽 경관을 원한다면 전망 좋은 게스트룸을, 가족끼리 따로 독채형태를 원한다면 레벨룸을 예약하면 된다. 구조는 게스트룸, 레벨룸, 메인 풀장, 비치순으로 이루어져 있다. 셔틀버스도 운행한다.

◆홈페이지: www.melia.com

▶퓨전 스위트 다낭 비치 리조트(Fusion Suites danang Beach)

2015년에 오픈한 22층 규모의 호텔로, 시설이 깨끗하며 한국인들이 많이 찾는다. 22층에는 다낭 야경을 구경할 수 있는 루프탑 바 'ZEN'이 있고, 발 마사지를 무료로 이용할 수 있다.

◆홈페이지: www.fusionsuitesdanangbeach.com

▶삼디 호텔(Samdi Hotel)

다낭 시내에 있으며, 가격 대비 시설이 좋다. 다낭 시내 구경에 포인트를 두거나 저렴한 가격에 5성급 서비스를 원하는 여행자들에게 인기 있는 호텔이다. 용다리에서 다운타운 쪽으로 걸어서 20분 거리에 있다.

◆ 홈페이지: www.samdihotel.vn

▶브릴리언트 호텔(Brilliant Hotel)

다낭 시내에 있는 호텔로 바로 앞에 용다리가 위치해 있고 다낭 대성당까지는 걸어서 3분 거리다. 스파와 마사지가 유료로 제공되며, 수영장 시설이 갖추어져 있다.

◆ 홈페이지: www.brillianthotel.vn

2~3성급 가성비 최적의 숙소($10~40)

▶다낭 오렌지 호텔(Orange Hotel Danang)

해변보다 교통여건이 좋은 다낭 시내에서 투숙하기를 원하는 여행자들을 위한 호텔이다. 다낭 대성당, 용다리가 걸어서 10분 거리에 위치해 있다.

◆ 홈페이지: www.danangorangehotel.com

▶에밀리 호텔 & 아파트먼트(Emily hotel & Apartments)

걸어서 5분이면 해변까지 이동이 가능하다. 관광이 주 목적인 여행자들에게는 최고의 호텔로, 규모는 작지만 시설이 깨끗한 알찬 호텔이다.

◆ 홈페이지: www.emilyhoteldn.com

▶ 사노우바 호텔(Sanouva Danang Hotel)

깨끗한 시설의 사노우바 호텔은 17층 건물로 다낭 대성당에서 다운타운 쪽으로 걸어서 15분 거리에 위치해 있다. 가격 대비 시설이 좋아 한국인들에게 인기가 높다.

◆ **홈페이지:** www.sanouvadanang.com/en

▶ 호앙린 호텔(Hoang Linh Hotel)

한강 바로 앞에 위치해 있고, 다낭 대성당과 한시장이 3분 거리에 있다. 시내 호텔 중 위치와 가성비가 가장 좋은 호텔이다.

◆ **홈페이지:** www.hoanglinh-hotel.com

베트남 최대 불상이 자리한 사원,
영응사

쭈어 린응, Chùa Linh Ứng

2003년 창건된 영응사는 선짜(Sơn Trà)반도에 위치한 불교 사찰로 소원이 이루어지는 '비밀의 사원'이라고도 한다. '영응(靈應)'은 사전적 의미로 '부처와 보살의 영묘한 감응'이라는 의미다. 부처와 보살의 감응을 절실히 바라는 이유는 무엇일까? 베트남전쟁 당시 남베트남의 패배가 기정사실화되자 부패했던 권력자와 프랑스 지배에 동조했던 친불파 등 1만여 명이 넘는 피난민들이 보트를 타고 피난하다 다낭 앞바다에 빠져 목숨을 잃었다. 당시 살아남은 피난민들은 외국에서 큰돈을 벌었는데, 1986년 베트남 정부의 도이머이(Doi Moi) 정책 실시로 경제가 안정되자 베트남으로 돌아와 피난 당시 바다에 빠져 죽은 가족들과 베트남인들의 영혼을 기리기 위해 영응사를 세웠다고 한다.

정문을 통해 들어가면 정면에 가장 큰 법당인 대웅전과 그 좌우로 석가모니의 제자 16명과 2명의 나한존자가 합쳐진 18나한상이 자리하고 있으며, 대웅전 안에는 인간에게 재복을 안겨준다는 포대화상이 있다. 또한 사찰 내에는 베트남 최대 높이 (약 67m, 건물 30층 높이)의 해수관음상이 있는데, 영웅사에 갔다면 이 해수관음상과 눈을 맞추고 이동하면서 기도를 해보자. 해수관음상의 눈이 자신을 따라다니는 듯한 기묘한 경험을 할 수 있다. 영웅사의 가장 큰 매력은 다낭의 선짜반도를 한눈에 볼 수 있다는 것이다. 다낭의 최고 관광지 중 하나인 영웅사에서 소원도 빌고 가슴 트이는 선짜반도와 다낭 시내를 조망해보자.

이용 안내

◆**주소**: Linh Ung Pagoda, Hoang Sa Street, Son Tra Peninsula, Da Nang ◆**관람시간**: 08:00~22:00 ◆**입장료**: 무료 ◆**접근방법**: 택시, 오토바이, 자전거 ◆**주차료**: 오토바이나 자전거로 이동하면 정해진 주차료는 없지만 자율로 기부금을 받는다.

Tip

선짜반도에 가장 큰 장점은 신선한 해산물을 다낭 시내보다 저렴한 가격에 먹을 수 있다는 것이다. 자전거나 오토바이로 영웅사를 찾았다면 관광 후 선짜반도 해변을 따라 펼쳐진 식당에서 신선한 해산물을 즐겨보자.

 비밀의 사원 '영웅사'

Tip

영응사의 최고 관전 포인트는 해수관음상이다. 해수관음상의 왼손은 정병(중생의 고통을 덜어주는 감로수가 들어 있는 감로병)을 받치고 있고, 오른손은 엄지와 약지를 맞대고 있는데, 이는 인과 도리를 수행한 자를 위한 극락세계를 표현하는 것이다. 2000년에 해수관음상이 세워진 후 다낭은 한 번도 태풍 피해를 입지 않았다고 한다. 그래서 해수관음상은 다낭을 보호해주는 수호신 같은 존재로 다낭 시민들에게 큰 사랑을 받고 있다.

✎ 느낌 한마디

양양 낙산사에 있는 해수관음상이 동해를 지키고 있다면, 영응사의 해수관음상은 다낭의 푸른 바다를 지키고 있다. 자전거로 달려온 영응사의 거리는 만만치 않았다. 손에 닿을 듯 가까웠지만 해안을 따라 이어진 고갯길은 몇 번이나 숨을 헐떡이게 했다. 하지만 마지막 계단을 오르니 새로운 세상이 펼쳐졌다. 도열한 18나한상 끝자락에 대웅전이 자리했고, 계단 아래 펼쳐진 다낭의 푸른 바다는 가슴을 멈추게 했다. 이윽고 해수관음상으로 발길을 옮겨본다. 낙산사 관음상의 약 4배 높이인 영응사 해수관음상은 올려다보는 것만으로도 목이 아플 지경이다. 베트남 여행의 무사안일을 인자한 관음상에 기원해본다.

영응사

어떻게 가야 할까?

▶ 오토바이 또는 자전거로 이동하는 방법

① 다낭 대성당에서 송한교 쪽으로 이동한다.

② 송한교를 직진한다.

③ 송한교를 직진하면 로터리가 나오는데, 로터리에서 좌회전한 뒤 직진한다.

④ 해군기지를 지나 첫 사거리가 나오면 우회전한다.

⑤ 선짜반도에서 좌회전해 해수관음상까지 간다.

⑥ 영응사 입구 주차장에 주차한다.

▶ **택시로 이동하는 방법**

다낭 시내에서 택시로 이동하면 15분 정도 소요되며 택시 비용은 20만 동 이상이다.

Tip 1

택시 1일 렌트로 다니는 방법

다낭 1일차 일정을 좀더 편하게 다니고 싶다면 택시를 대절해서 다니는 것도 방법이다. 택시를 대절하면 미터기를 사용하지 않고 6시간 이용에 50만~60만 동으로 이용할 수 있다. 개별적으로 택시회사와 흥정을 하는 것보다 호텔 리셉션 직원에게 의뢰하는 것이 훨씬 저렴하다. 6시간 이상 이용하면 시간당 추가 요금을 요구한다.

Tip 2

오토바이나 자전거로 이동할 경우 선짜반도에 펼쳐지는 아름다운 어촌의 풍광을 구경할 수 있다.

영웅사
어떻게 즐겨볼까?

일주문

보통 4개의 기둥에 지붕을 올리지만 불가에서는 2개의 기둥 위에 지붕을 올린다. 2개의 기둥은 일심을 상징하며, 일주문을 통과하면서 세속의 모든 번뇌를 버리고 한마음으로 부처와 진리를 생각하라는 의미가 담겨져 있다고 한다.

18나한상

나한(깨달음을 얻은 불교신자로 열반에 들지 않고 세속에 남아 불법을 수호하고 중생의 공양에 응하는 성자)을 조각한 상으로 대웅전 양쪽에 18나한상이 자리한다. 여러 자세와 웃거나 인상을 쓴 얼굴 등 다양한 인간의 모습을 나타내고 있다.

Tip

재미로 찾아보는 특별한 18나한상

장미나한: 생전에 깨달음을 얻지 못했지만 다시 환생한 후 깨달음을 얻어 부처님의 제자가 되었다고 한다. 무릎 위에 책, 지팡이가 놓여 있다.

정좌나한: 불도를 깨달음으로써 살생과 투쟁을 버리고 좌선을 통해 깨달음을 얻었다고 한다. 손에 108염주를 쥐고 있다.

포대나한: 친절함의 상징으로 사람들이 깨달음을 얻을 수 있었다고 한다. 왼손에는 경전, 오른손에는 구슬, 어깨는 지팡이를 기댄 채 앉아 있다.

대웅보전(大雄寶殿)

2층 전각의 대웅보전은 1층 정면에 '영응사(靈應寺)'라는 당호가 있다. 내부에는 볼록한 배와 인자한 얼굴로 재복을 가져다주는 포대화상(자루를 메고 시주를 구하면서 길흉화복을 점쳤다는 선승)이 자리하고 있고, 바로 뒤에는 결가부좌한 석가모니불이 선정인(禪定印. 석가모니가 보리수 아래 앉아 깊은 생각에 잠겨 있을 때의 수인으로 부처가 선정에 든 것을 상징)을 취하고 있다.

보리수

부처가 깨달음을 성취한 나무로 불가에서는 숭배의 대상으로 여겨진다. 영응사에 있는 보리수는 중앙 본전 오른쪽에 위치하며, 나무가 크기 때문에 관람객들에게 시원한 그늘을 제공하기도 한다.

> **Tip**
>
> **부처에 대한 또 다른 상식**
>
> 부처는 깨달음을 얻기까지 무수히 많은 생(生)을 거쳤다고 전해진다. 왕·상인·수행자·도둑 등의 인간의 모습뿐 아니라 코끼리·원숭이·앵무새·사슴 등의 여러 동물과 곤충의 모습으로 태어나 깨달음을 얻었다고 한다.

해수관음상(Tượng Phát Quan Thế Âm)

해수관음상은 원형의 법당을 기단으로 삼아 연꽃좌대 위에 서 있다. 해수관음상 앞에는 포대화상이 자리하고 있다. 원형 법당에는 삼존불상이 있으며 소원을 적어 기도한 후 소중하게 간직하면 소원이 이루어진다고 한다. 해수관음상 뒤쪽에는 작은 창들이 있는데, 이는 공기 순환으로 불상의 내부 균열을 방지하기 위한 것이라고 한다.

다낭 해안

선짜반도의 아름다운 바다가 한눈에 들어온다. 영응사에서 바라보는 탁 트인 다낭의 아름다운 풍광이 일품이다. 선짜반도에 자리한 배와 해변을 따라 이어진 호텔을 구경하며 다낭의 경치에 취해보자.

세계 6대 해변으로 꼽히는 눈부신 해변,
미케비치

바이 비엔 미께, Bãi biển Mỹ Khê

다낭은 아시아에서 가장 긴 20km 이상의 비치를 가지고 있다. 선짜반도 쪽부터 팜
반동(Pham Van Dong)비치·미케(My Khe)비치·박미안(Bac Mi An)비치·논누억(Non
Nuoc)비치로 구분하며, 이 4곳을 통칭적으로 '미케비치'라고 이야기한다. 세계적인
경제 전문지 〈포브스〉에서 '세계에서 가장 아름다운 6대 비치' 중 하나로 미케비치
를 선정하기도 했다. 해변 모래사장은 밀가루처럼 입자가 곱고, 무엇보다 바닷물은
투명한 에메랄드빛을 자랑한다. 해변에는 수많은 고급 리조트를 비롯한 편의시설이
있으며, 수영·서핑 등의 활동을 즐길 수 있다.

베트남전쟁 당시 미군의 해변 휴양소로도 사용되었던 미케비치는 오후 4시가 되
면 그 진가를 드러낸다. 햇볕이 누그러진 오후가 되면 해변에 바다를 즐기려는 사

람들로 인산인해를 이룬다. 공용 해변에서는 가성비 좋은 수산물을 즐길 수도 있다. 간단한 음료수 한 잔과 함께 파라솔 아래에서 가장 아름다운 해변을 감상해보자. 다 낭의 해변은 보는 것만으로도 눈이 부신 멋진 곳이다.

이용 안내

◆ **주소:** Phước Mỹ, Sơn Trà, Da Nang

Tip

미케비치를 더 알차게 즐기는 방법은 해가 질 무렵에 방문하는 것이다. 뜨거운 태양 아래의 낮과는 또 다른 신선한 해변을 즐길 수 있다. 해가 지고 난 후의 비치는 시원한 바람과 해변을 따라 즐비한 호텔들의 조명이 어우러져 한 폭의 수채화를 보는 듯하다. 시간이 허락된다면 해가 질 무렵에 미케비치를 방문해 보자.

동영상

세계 6대 해변
'미케비치'

해변은 건설 열기로 더 뜨거웠다. 곳곳에 지어지는 호텔들의 규모만 보아도 다낭의 인기를 실감할 수 있었다. 며칠 동안 비가 내려 큰 기대 없이 해변으로 발길을 옮겼다. 하지만 강렬한 햇볕을 머금은 에메랄드 해변은 눈이 부실 정도였다. 파라솔 아래에서 다낭을 즐기는 여행객, 기념사진을 찍는 신혼부부들, 낚싯대를 기울인 현지인, 일광욕을 즐기는 사람들, 해변 모래를 놀이기구 삼아 모래성을 쌓는 아이들로 가득했다. 둔탁한 건설현장이 마무리되면 다낭은 어떤 모습일까? 몇 년 안에 다낭은 더 눈부시게 변화되어 있을 것이다. 시원한 바닷바람을 맞으며 베트남의 숨은 진주 다낭의 미케비치에서 힐링의 시간을 가져본다.

미케비치

어떻게 가야 할까?

▶ 용교에서 이동하는 방법

① 용교의 꼬리부분에서 머리부분으로 직진한다.

② 첫 번째 사거리를 지나 왼편에 'Dien may XANH' 이라는 건물을 두고 직진한다.

③ 두 번째 사거리를 지나 직진한다.

④ 미케비치 입구다.

Tip

자전거나 오토바이로 미케비치를 찾은 경우에는 해변 근처 주차장에 주차를 한 후 해변으로 이동해야 한다. 주차비용은 3천 동 이상이다.

미케비치
어떻게 즐겨볼까?

미케비치 주변에는 여러 간이매점이 있다. 미케비치에 방문하기 전에 간이매점에 들러 간단한 간식이나 음료를 산 후 방문하는 것도 좋은 방법이다.

해변에 놓인 베트남의 전통배 까이뭄을 보는 것도 미케비치의 또 다른 즐거움이다. 해변의 파라솔은 대부분 호텔에서 비치해둔 것으로, 파라솔을 이용하려면 음료를 주문해야 한다.

Tip

다낭의 해변은 통상적으로 '미케비치'라고 부르지만 정확히 구분하면 다음과 같이 4곳으로 나눌 수 있다.
1. 팜반동비치: 가장 베트남다운 해변으로 영응사 이동시 볼 수 있으며, 고기잡이배 '까이뭄'을 쉽게 볼 수 있다.
2. 미케비치: 가장 많이 알려진 해변으로 다낭 시내와 접근성이 좋으며, 하얀 모래 해변을 자랑한다.
3. 박미안비치: 다낭에서 인기 있는 해변 중 하나이며, 박미안 비치 근처에 풀만 리조트와 함께 작은 미니 호텔들이 있다.
4. 논누억비치: 오행산과 근거리에 위치하고 있으며 주변에 5성급 고급 리조트들이 즐비하다. 해양스포츠를 즐길 수 있으며 다낭에서 가장 남쪽에 있다. 하얏트 리젠시 리조트 앞 해변을 '논누억비치'라고 한다.

다낭 해변

참파 왕국의 문화를 느낄 수 있는 곳,
참 조각 박물관

바오 땅 디에우 칵 참, Bảo tàng Điêu khắc Chăm

프랑스 극동연구소의 재정적인 지원을 받아 1915년 7월에 설립되었다. 다낭 인근 지역에서 발견된 고대 참파 왕국의 유물을 보관하며, 유물 곳곳에는 인도문명의 흔적이 고스란히 남아 있다. 박물관은 유물이 출토된 지역에 따라 크게 꽝남·짜끼에우·미선·동즈엉·꽝응아이·탑맘 등으로 구분된다. 대부분의 유물들은 12세기에서 15세기에 만들어진 것으로 총 2천여 점 중 300여 점만 전시되어 있다. 힌두교·불교의 종교적 상징물인 유물들은 여러 신의 모습이 매우 섬세하고 정교하게 조각되어 있다. 유일한 참파 왕국의 박물관으로 규모는 작지만 다낭 방문시 꼭 들러야 할 장소 중 하나다. 그러나 여행 일정이 길지 않다면 각 지역별로 전시된 유물들을 모두 살펴보기는 쉽지 않다. 이 책을 참조해 대표적인 유물들은 놓치지 말자.

─────
이용 안내

◆ **주소:** No.02, 2 Tháng 9, Hải Châu, Đà Nẵng ◆ **오픈시간:** 07:00~17:00 ◆ **입장료:** 성인 4만 동 ◆ **위치:** 용교 꼬리부분에서 50여 m 서쪽 ◆ **홈페이지:** www.chammuseum.vn

Tip

오토바이나 자전거 등의 교통수단으로 방문한 여행자는 입구 매표소 옆 감시소에 일정액(만 동)을 지급하면 관람이 끝날 때까지 안전하게 오토바이나 자전거를 주차장에 주차할 수 있다.

 참파 왕국 전시관 '참 조각 박물관'

느낌 한마디

다낭은 에메랄드빛 바다만 있는 것이 아니었다. 아기자기한 역사박물관도 있었다. 작은 규모였지만 베트남의 지난 역사를 보기에는 충분했다. 이곳에 있는 유물들은 사전지식 없이 마주하면 단순한 돌덩어리에 불과하다. 하지만 각 유물이 지닌 의미를 곱씹어보면 베트남의 오랜 역사를 한눈에 볼 수 있다. 베트남 역사를 알 수 있는 참 조각 박물관은 알찬 다낭 여행을 즐길 수 있는 뜻깊은 곳이었다.

참 조각 박물관
어떻게 가야 할까?

▶ 용교에서 이동하는 방법

① 용교 꼬리에서 출발한다.

② 오른쪽 뒤 45도 방향에 'VANDA'라는 호텔이 보인다.

③ 사거리 횡단보도를 건너면 왼편이 참 조각 박물관 입구다.

Tip

참 조각 박물관은 참파왕국을 다룬 전문 박물관으로 세계에서 가장 큰 참 조각상을 전시하고 있으며, 특히 박물관 입구 정원은 다낭의 무더위를 식힐 수 있는 최적의 장소이므로 다낭 여행시 꼭 관광해야 할 코스다.

참 조각 박물관
어떻게 즐겨볼까?

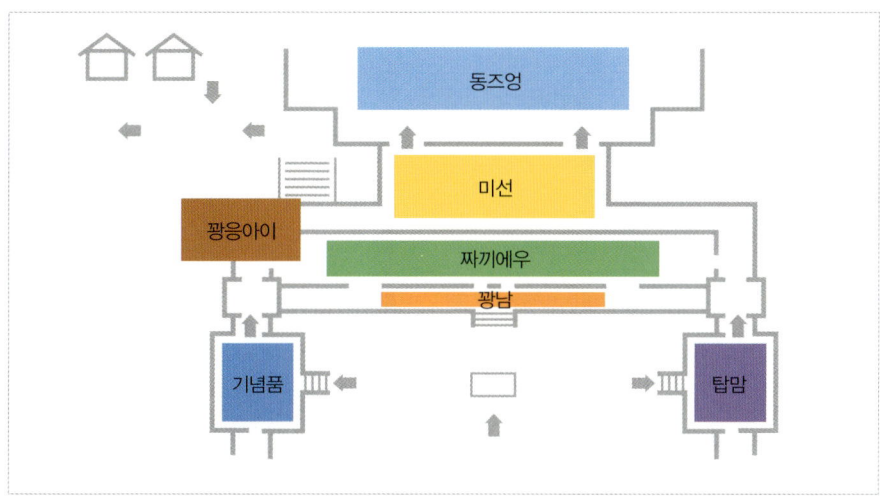

꽝남(Quang Nam, 8~10세기) 및 **꽝응아이**(Quang Ngai, 10~12세기) 갤러리

시바(Shiva)

힌두교의 최고 신으로 파괴·변형의 신이다. 처음에는 행복을 나타내는 신이었지만 파괴의 신으로 변형되었다. 파괴시에는 도끼·검·삼지창 등을 들고 있는 것으로 표현한다.

야크샤 또는 야차(Yaksa)

머리 위의 꽃 모양은 인도문명이나 크메르문명에서 공통으로 볼 수 있는 조각으로, 산의 정령이자 숲의 신으로 자연을 지킨다.

락슈미(Laksmi)

힌두교 3대 신 중 하나인 비슈누의 부인으로 연꽃과 같이 조각되어 순수한 이미지를 강조했고, 부와 행복을 관장하는 신이다.

우마(Uma)

생명의 여신 중 가장 강력하며 시바의 부인이다.

사라스바티(Sarasvati)

힌두교 3대 신 중 하나인 브라흐마의 부인으로 백조를 거느리며 춤을 추고 있는 모습으로 학문·음악·예술을 관장하는 신이다.

동영상
참 조각 박물관
'꽝남 갤러리'

짜끼에우(Tra Kieu, 7〜12세기) 갤러리

석가모니
폭우 속에서 수행할 때 머리 일곱 달린 뱀신인 나가신이 날개를 펼쳐 석가모니를 보호했다는 전설을 표현한 조각상이다.

압사라(Apsaras)
천상계의 여인으로 춤을 추는 모습이 너무 아름다워 신과 악마가 전쟁까지 일으키게 된다.

드라바팔라(Dwarapala)
남신으로 사원을 지키는 수호신이다.

힌두교의 상징
풍요와 다산을 상징하며 남성의 생식기인 '링가(linga)'와 여성의 생식기인 '요니(yoni)'를 표현한다. 밑에는 머리가 7개 달린 나가신이 있다.

시바
힌두교 3대 신 중 하나로 파괴·변형의 신이다.

미선(My Son, 7~10세기) 갤러리

시바
파괴·변형의 신으로 인간과 비슷한 모습으로 조각되어 있다.

브라흐마(Brahma)
힌두교의 첫 번째 신이며 우주의 창조를 관장하는 창조신으로 각각 4개의 팔과 손, 머리를 가지고 있다. 4개의 머리는 네 베다(경전), 네 유가(시대), 네 카스트를 상징한다.

동즈엉(Dong Duong, 9~10세기) 갤러리

타라(Tara)
관음보살의 배우자로, 관음보살의 눈물이 연못을 이루고 그 연못에 피어난 연꽃에서 태어났다고 한다.

서양의 악마
번개의 신인 데바(DEVA)에서 유래되었다.

탑맘&빈딘(Thap Mam&Binh Dinh, 11~14세기) 갤러리

가자심하(Gajasimha)
얼굴은 코끼리, 몸은 사자로 신의 지혜와 힘을 가져 수문장 역할을 한다.

하나로 이루어진 시바와 제단
시바와 제단이 하나로 이루어진 유물로, 제단에는 여성의 가슴 조각이 새겨져 있다.

마카라(Makara)
상상의 바다 괴물로, 인도의 강에 살며 바다신을 모신다고 한다.

동영상 참 조각 박물관
'탑맘 & 빈딘 갤러리'

분홍빛의 아름다운 다낭 유일의 성당,
다낭 대성당

냐터 찐 또아 다낭, Nhà thờ chính tòa Đà Nẵng

프랑스 통치기간인 1923년 프랑스인들을 위해 세워진 가톨릭 성당이다. 성당 첨탑 꼭대기에 닭 모양의 풍향계가 있어 '수탉 성당'이라고 불리기도 하는데, 수탉은 프랑스 왕실의 상징이었다고 한다. 첨탑의 높이는 70m로 다른 지역의 대성당에 비해 규모는 작지만 다낭 지역을 관할하는 주교가 상주하고 있어서 '다낭 대성당'이라고 한다. 성당 외벽은 핑크색의 독특한 분위기를 자랑한다. 왼쪽 2층 건물의 다낭 카리타스(Cartias, 협동체 사상을 근원으로 하는 봉사단체) 앞에는 양쪽에 성 프억 앙레 푸옌 (Phước Anrê Phú Yên, 1625~1644)과 성 앙레 응우옌 낌통(Anrê Nguyễn Kim Thông, 1790~1855), 이 2명의 순교자 신부상이 있다. 내부의 화려한 스테인드글라스에는 2명의 순교자 중 성 프억 앙레 푸옌 신부의 그림이 그려져 있다. 성당 동쪽에는 주

교 관사가 마련되어 있으며, 성당 주위 외벽에는 예수의 일대기가 벽화로 그려져 볼거리를 제공한다. 미사도 집전되고 있는데, 일요일 미사는 영어로 진행되며 한국인을 위한 한국어 미사도 주교 관사에서 진행된다. 천주교 신자가 아니더라도 다낭 유일의 성당인 다낭 대성당을 방문해 중세 유럽풍의 아름다운 건축물을 감상해보자.

이용 안내

◆ **주소:** 156 Tran Phu, Hai Chau, Da Nang ◆ **내부 관람:** 미사시간에 내부 관람이 가능하지만 미사시간 이외에는 문이 잠겨 있다. ◆ **미사:** 월~토 2회(05:00, 17:30), 일 6회(05:15, 08:00, 10:00, 15:00, 17:00, 18:30)

Tip

베트남 최초 순교자인 프억 앙레 푸옌은 1643년 전도사가 되었지만 1644년 체포되어 신앙을 포기하지 않고 저항한다는 죄명으로 19세의 나이에 순교했다. 앙레 응우옌 낌통은 가톨릭에 대한 박해가 시작되자 마을에서 추방되어 1855년 강제수용소에서 굶어죽었다.

 다낭 유일의 성당
'다낭 대성당'

오토바이 경적 소리가 가득한 거리와는 다르게 성당은 소담스러운 분홍빛 옷을 입고 있었다. 성당 앞마당에는 미사를 찾은 베트남인들의 오토바이들이 순차적으로 주차되어 있었다. 마치 항구에서 수출을 기다리는 오토바이 전시장 같다. 성당 꼭대기에 자리한 닭 모양의 풍향계가 인상적이다. 내부에는 미사를 집전하는 신도들로 가득했다. 경건한 모습이다. 꽃바구니를 준비한 한국인들이 주교 관사 쪽으로 바쁘게 이동한다. 여행 온 한국인 신자들을 위해 한국어 미사시간이 따로 준비되어 있었다. 바쁜 일정에 미사에 참석하지 못했지만 따뜻한 가슴을 안고 대성당을 바라보았다.

다낭 대성당

어떻게 가야 할까?

▶ 용교에서 도보로 이동하는 방법

① 용교 꼬리부분을 보고 왼쪽으로 이동한다. 직진
   후 'GREEN PLAZA HOTEL'을 끼고 좌회전한다.

② 첫 번째 사거리에서 우회전한 뒤 직진한다.

③ 직진 후 '4U' 건물을 보고 직진한다.

④ 두 번째 사거리를 지나 오른쪽 M카페를 지난다.

⑤ 왼편으로 대성당이 보인다.

다낭 대성당
어떻게 즐겨볼까?

다낭 대성당은 분홍색으로 되어 있고, 첨탑 꼭대기에 닭 모양의 풍향계가 있다. 수탉은 프랑스 왕실의 상징이었다. 성당 내부 창문에는 베트남 최초의 순교자인 성 프억 앙레 푸엔의 모습이 그려져 있다.

대성당 정면 앞마당에는 성모마리아·요셉·예수로 구성된 성가정이 있다.

성당 동쪽에는 다낭 대성당의 주교 관사가 자리하고 있다. 관사 건물에서는 매주 일요일 오전 10시에 한국 여행자들을 위한 한국어 미사가 진행된다.

성당 서쪽에는 2층 건물의 다낭 카리타스가 자리하고 있다. 건물 앞에는 베트남의 순교자 성 프억 앙레 푸옌과 성 앙레 응우옌 낌통의 신부상이 있다.

성당 울타리에는 예수의 일생을 표현한 그림이 그려져 있다.

다낭의 최고 뷰포인트,
오행산

응우한선, Ngũ Hành Sơn

오행설에 따라 '화·수·목·금·토'를 관장하는 다섯 봉우리를 가리켜 '오행산'이라고 하며, 산 전체가 대리석이어서 '마블 마운틴(Marble Mountain)'이라고도 부른다. 손오공이 옥황상제에게 심술을 부리자 손오공을 제압하기 위해 부처님의 다섯 손가락이 변해서 오행산을 만들었다는 설화도 있다. 5개의 봉우리는 각각 목선(木山), 호아선(火山), 터선(土山), 낌선(金山), 투이선(水山)이라고 부르며, 다섯 봉우리 중 가장 큰 산은 물을 관장하는 투이선으로 높이는 106m다. 대부분 오행산을 관광하면 가장 큰 산인 투이선을 관광하는 것이다. 투이선을 오르는 방법은 3가지가 있다. 주차장 왼쪽의 156개 계단을 통해서 올라갈 수도 있고, 주차장 오른쪽의 엘리베이터를 타거나 그 옆에 있는 106개 계단을 통해서 올라갈 수도 있다. 대부분의 관광객

은 106개 계단으로 올라가서 구경한 후 담태사 쪽의 계단(156개)으로 내려온다. 수산에 오르면 나머지 4개의 산과 어우러진 멋진 다낭 시내와 푸른 바다를 볼 수 있으며, 클라이밍 체험도 할 수 있다. 다낭의 최고 뷰포인트인 오행산에 방문해 멋진 다낭의 모습을 담아보자.

이용 안내

◆주소: Hòa Hải, Ngū Hành Sơn ◆오픈시간: 07:00~17:30 ◆입장료: 수산 1만 5천 동, 암푸동굴 1만 5천 동(수산 포함 3만 동), 엘리베이터 1만 5천 동 편도

Tip

투이선은 높이가 106m로 높은 산은 아니지만 샌들이나 슬리퍼를 신고 오르면 발이 쉽게 지치므로 편한 운동화를 신는 것이 좋다. 또한 더운 날씨에 산을 오르는 만큼 생수는 꼭 준비하자.

동영상 대리석으로 된 산 '오행산'

Tip

다낭에는 '영응사'가 3군데에 있다. 베트남 최대 높이의 해수관음상이 있는 선짜반도의 영응사, 오행산의
영응사, 바나산의 영응사다.

✏️ 느낌 한마디

오행산은 다낭 관광의 필수 코스다. 여행자들이 관광버스에서 끊임없이 내린다. 입구에 붙어 있는
지도를 따라 이동해본다. 106개의 계단을 올라 영응사에 도달하자 펼쳐지는 다낭 시내의 모습이
장관을 이룬다. 현공동굴 안으로 내리쬐는 햇살이 신비롭기까지 하다. 담태사로 발길을 옮겨 천수
관음에게 베트남 여행의 무사안일을 기원해본다. 마지막으로 망강대에 오르니 발 아래 펼쳐진 오
행산과 다낭의 모습이 절묘하게 조화를 이루고 있다. 덥고 땀이 비 오듯 하지만 오행산은 볼거리
가 가득한 곳이었다. 내려오는 길에 간이매점에서 코코넛으로 목을 축이며 무더위를 달래본다. 여
전히 주차장에는 오행산 자락으로 발걸음을 재촉하는 사람들로 가득했다.

오행산

어떻게 가야 할까?

▶ **다낭 대성당에서 1번 버스로 가는 방법**

① 다낭 대성당 정문에서 오른쪽으로 가면 정류장이 있다. 1번 버스를 타고 오행산 주변에서 하차한다.

② 1번 버스가 가는 방향의 뒤쪽에 있는 횡단보도를 건넌다.

③ 오행산 이정표가 보인다.

④ 석재상을 지나 엘리베이터가 있는 곳까지 가면 오행산의 입구가 나온다.

▶ **택시로 이동하는 방법**

대성당에서 택시로 이동할 경우 비용은 왕복 40만 동이다. 오토바이 택시(쎄움)의 경우에는 왕복 20만 동이다.

오행산

어떻게 즐겨볼까?

암푸동굴(동엄푸, Động Âm Phủ)

'지옥동굴'이라는 뜻의 암푸동굴은 2006년 개장되었다. 사람들의 사후세계를 형상화한 암푸동굴은 죄를 받는 구역, 죄를 정화하는 구역, 천상세계인 자유를 찾는 구역으로 나뉜다. 좁은 길로 연결된 죄를 받는 구역에서는 죄인의 몸이 톱질을 당하거나 기름에 요리당하는 등의 지옥을 형상화했고, 중심의 넓은 공간인 죄를 정화하는 구역에는 곳곳에 제단이 있어 사람들이 삼배합장으로 회개할 수 있다. 중심부에서 오른쪽에 마련된 작은 계단을 따라 올라가면 밖으로부터 들어오는 빛이 자유를 얻게 해준다는 천상세계인 자유를 찾는 구역이 나온다. 자유를 찾는 구역의 계단을 오르면 다낭 시내를 조망할 수 있다.

영응사(쭈어 린응, Chùa Linh Ứng)

엘리베이터에서 내리면 영응보탑이 바로 보인다. 영응보탑은 7층 석탑으로, 창문마다 부처를 상징하는 범어, 한자, 법륜이 그려져 있다. 엘리베이터를 타지 않고 106개의 계단을 오르면 영응사 본전에 이른다. 영응사의 누각 아래 모셔진 관음상의 정병은 물을 부어주고 있는 형상으로 모든 중생들이 복을 받으라는 의미이며, 관음상 뒤에는 5층탑과 3층탑이 자리하고 있다. 영응보탑 옆에 위치한 망해대에 오르면 다낭 마을이나 다낭의 바다를 한눈에 조망할 수 있어 최고의 풍광을 자랑한다.

오행산의 대표 사찰
'영응사'

99

입구 문에 '현공동굴로 들어가는 문'을 의미하는 현공관(玄空關, 하늘과 통하는 문이라는 뜻)이 새겨져 있다. 현공관을 지나면 정면 암벽에 관음상이 있다. 관음상의 정병은 기울어져 있는데, 이는 중생의 병을 고쳐준다는 의미라고 한다. 왼쪽으로 이어지는 동굴 길을 따라가면 현공동굴이 나온다. 현공동굴의 계단에는 사천왕상이 도열해 있고, 가장 큰 본존불상이 암벽 쪽에 자리하고 있으며, 전각의 법당에는 부처님이 모셔져 있다. 현공동굴은 베트남전쟁 당시 베트콩의 야전병원으로 사용했던 곳이라고 한다.

내리쬐는 햇살이 신비로운
'현공동굴'

100

담태사(추아 땀타이, Chùa Tam Thai)

담태사의 마당에는 포대화상(자루를 메고 시주를 구하면서 길흉화복을 점쳤다는 선승)이 자리하고 있다. 법당 안에는 연꽃좌대 위에 천수관음(모든 중생을 구제하기 위해 빌고 빌어 만들어진 몸)이 모셔져 있다. 천수관음에게 소원을 빌면 모든 것이 이루어진다고 한다. 왼편에는 화려한 장식의 2층 누각 법당이 자리한다.

망강대(봉지앙 다이, Vong Giang Đài)

가장 높은 곳에 위치한 망강대에 오르면 오행산의 나머지 산과 다낭의 도시가 어우러진 멋진 풍관을 볼 수 있다. 중앙에는 낌선이 있고, 낌선 왼쪽으로는 호아선, 오른쪽으로는 터선이 보인다.

동영상

오행산의 전망대
'망강대'

다낭을 관통하는 아름다운 강,
한강

송한, Sông Hàn

다낭에는 다낭 시내를 관통하는 한강이 있다. 우리나라의 서울 시내를 관통하는 한
강과 이름이 같다. 총 길이 7.2km의 한강은 낮보다 더 아름다운 다낭의 밤을 책임
지며 관광객의 발길을 잡는다. 어둠이 내려앉은 한강변에는 현지인과 관광객들로
인산인해를 이룬다. 형형색색 조명을 밝힌 송한교, 분 단위마다 아름다운 조명으로
탈바꿈하는 용교, 보는 것만으로도 눈이 즐거운 아시아파크 대관람차, 한강을 가로
지르는 유람선은 멋진 조화를 이루며 다낭의 아름다운 저녁을 빛낸다. 해가 지면 다
낭의 랜드마크인 한강을 찾아 산책도 즐기며 다낭의 야경에 취해보자. 그리고 아름
다운 불빛을 벗삼아 한강변에 위치한 카페에 앉아 커피나 맥주 한 잔을 즐겨보자.
다낭의 밤이 더욱 빛날 것이다.

이용 안내

◆ **용교의 불쇼 및 물쇼 시간:** 토·일요일 21:00 ◆ **유람선:** 등급별·가격별로 다양한 형태가 있다.

Tip 1

용교의 물쇼와 불쇼를 관람할 때는 바람의 방향을 잘 살피는 것
이 중요하다. 바람이 부는 방향에 자리를 잡으면 용의 입에서
나오는 물세례로 흠뻑 젖을 수 있다. 쇼를 구경하기 위해서는
바람 부는 반대 방향에 자리를 잡는 것이 좋다.

 다낭의 랜드마크
'한강'

Tip 2

한강변에서 볼 수 있는 베트남다운 모습 중 하나가 오토바이를 타고 출퇴근하는 모
습일 것이다. 특히 오후 5시 이후가 되면 다낭의 모든 오토바이를 모아놓은 듯 송한
교와 용교는 오토바이로 가득 찬다. 가다 서다를 반복하는 오토바이를 보는 것도 다
낭 여행의 묘미 중 하나다. 아마 평생 보았던 양의 오토바이를 한 번에 다 볼 수 있
을 것이다.

✎ 느낌 한마디

한강은 낮보다 밤이 더 아름다워 눈이 즐겁다. 아시아파크 대관람차에서 시작된 조명은 송한교까
지 이어진다. 시원한 강바람과 함께 한강변을 산책한다. 더위를 식히는 사람들, 스피커 음악에 맞
추어 탱고를 추는 사람들, 공놀이를 즐기는 사람들, 놀이기구 타는 사람들로 인산인해를 이루고
있었다. 너무나 평화로운 한강변 모습이다. 연인들은 아름다운 야경을 배경 삼아 사진으로 추억
남기기에 정신이 없다. 조명으로 화려하게 장식된 유람선이 홍일점처럼 한강변을 수놓는다. 천천
히 걸으며 구경하는 것만으로도 행복해지는 한강 산책이다.

한강
어떻게 즐겨볼까?

용교(꺼우 롱, Cầu Rồng)

2009년에 착공해 2013년에 완공한 용교는 다낭의 랜드마크이자 베트남 사람들에게 '희망의 다리'다. 총 길이 666m인 용교는 이름 그대로 용 모양을 하고 있으며, 실제 불과 물을 뿜어내도록 만들어져 토~일요일에는 차량을 전면통제해 불쇼·물쇼를 진행한다. 야간에는 용교 전체를 둘러싼 1만 5천 개의 LED램프가 형형색색의 불을 밝힌다.

동영상
불과 물을 뿜는
'용교'

사랑의 부두(꺼우 따우 틴 여우, Cầu Tàu Tình Yêu)

용머리부분에 자리한 사랑의 부두는 저녁이 되면 노점상들이 들어서 각종 먹을거리를 판매한다. 주말에는 분수쇼도 펼쳐져 다낭 사람들에게 새로운 데이트 장소로 각광을 받고 있다.

송한교(꺼우 송 한, Cầu Sông Hàn)

다낭 여행자들에게 다낭의 진풍경을 보여주는 곳이기도 하다. 이곳은 출퇴근 시간이면 오토바이 행렬로 장사진을 이룬다. 특히 이 다리는 축을 이동하게 만들었으며 매일 밤 12시 30분이면 큰 배가 지나갈 수 있도록 축이 90도로 이동하고, 새벽 3시 30분이면 원래 위치로 돌아온다.

사랑의 유람선

노보텔 앞 선착장에서 출발한다. 등급별·가격별로 여러 회사의 유람선이 있지만 한국인이 운영하는 '리한 유람선'도 좋다. 리한 유람선에서는 사장님이 직접 한국 노래도 연주해준다. 유람선은 선착장을 출발해 송한교·용교를 도는 코스로 40~50분 정도 소요된다.

Tip 1

다낭 시내 한강변에는 2개의 고층 빌딩이 있다. 한강변을 바라보고 있는 노보텔과 노보텔 뒤편에 있는 다낭 시청 건물이다. 마치 여의도의 쌍둥이 빌딩처럼 같은 높이의 빌딩이 자리하고 있다.

Tip 2

콩 카페(Cộng Càphê)

콩 카페는 프랜차이즈 카페로 베트남 어디에서나 쉽게 볼 수 있다. '콩'은 베트남어로 '공산당'을 의미한다. 베트남은 세계 2위 커피생산국이자 오랜 프랑스 식민문화로 독특한 커피문화가 정착되었다. 콩 카페는 한국에서 쉽게 접할 수 없는 다양한 메뉴가 있으며, 그 중 코코넛 커피 스무디가 인기메뉴다. 코코넛 커피 스무디는 코코넛 밀크를 갈아 넣어 커피맛을 부드럽게 해준다. 송한교와 용교 사이에 위치해 있으니 한강에 둘러본 후 베트남 여행의 정류장과도 같은 휴식 공간인 콩 카페에 들러 베트남 특유의 커피 맛에 취해보자.

◆ **주소:** 96-98 Bạch Đằng, Hải Châu ◆ **영업시간:** 06:30~23:00 ◆ **가격:** 코코넛 커피 스무디 4만 5천 동

볼거리 풍부한 해산물 천국,

콴 바 꾸앙
Quán Bà Cường

바다를 끼고 있는 다낭에 오면 한 번쯤 찾게 되는 곳이 해산물 식당이다. 미케비치를 따라 해안 쪽에는 많은 해산물 식당이 있고, 트립어드바이저에 나와 있는 식당들도 많다. 하지만 여행자들은 식당에 갔을 때 저울을 조작해 해산물의 양을 속이는지, 살아 있는 신선한 해산물로 요리를 하는지 알 수가 없다. 특히 유명 식당일 경우 외국 손님들은 어쩌면 가장 쉬운 착취 대상이 될 수 있다. 그래서 필자는 신선한 해산물을 정량 판매하고 가격도 저렴하면서 맛도 좋은 식당을 소개하고자 한다. 선짜반도 제일 끝자락에 위치한 마지막 해산물 식당 '콴 바 꾸앙'이다. 테이블이나 내부 시설은 다른 식당에 비해 좋지는 않지만 음식맛이 좋고, 여성 종업원들이 친절하며 서비스도 좋다. 요리를 주문할 때는 신선한 해산물을 직접 고른 후 무게를 재고

'steam(찜)' 'grill(구이)' 'fry(튀김)' 등 조리방법을 선택하면 된다. 요리는 grill과 갈릭버터로 나누어서 주문하면 다양한 맛을 즐길 수 있다. 콴 바 꾸앙을 찾아 신선한 해산물을 마음껏 즐겨보자.

이용 안내

◆ **주소:** Ngã 3 Hoàng Sa – Lê Đức Thọ, Thọ Quang ◆ **위치:** 영응사 근처 ◆ **영업시간:** 10:00~23:00 ◆ **가격:** 새우 1kg 55만 동, 조개 1kg 14만 동

Tip 1

해산물 식당을 찾을 경우 물티슈와 초고추장을 준비하는 것이 좋다. 만약 준비하지 못했다고 하더라도 걱정할 필요는 없다. 매운 소스를 첨가할 수 있으며, 손은 화장실 옆에서 씻을 수 있다.

 믿을 수 있는 식당
'콴 바 꾸앙'

Tip 2

베트남 해산물 식당에 가면 바닥에 해산물 껍데기를 마구 버린다. 현지인들은 조개껍데기나 새우 껍질 등을 테이블 위에 쌓아놓지 않고 바닥에 버려 테이블 위가 깨끗하다. 대부분 껍데기를 버리는 통을 따로 준비해주는 우리나라 식당과는 달라 이런 모습이 낯설 수 있지만 현지인들의 생활 습관이니 베트남에서만큼은 이들의 생활 습관을 따라 해보자.

Tip

베안(Be Anh)과 베만(Be Man)

알라카르트 호텔 바로 옆에 위치한 '베안'과 퓨전 리조트 옆에 위치한 '베만'도 여행자들이 많이 찾는 곳이다. 엄청난 식당 규모에 천막형으로 지어진 곳으로, 해산물을 고른 후 본인의 테이블 번호를 말해주면 된다. 다만 새우 1kg당 80만 동 이상으로, 가격은 콴 바 꾸앙보다 비싸다.

✏️ 느낌 한마디

영응사를 둘러보고 선짜반도로 진입하자 텅 빈 다른 식당에 비해 유독 사람들로 가득 찬 식당이 하나 보였다. 대낮인데도 빈자리를 찾을 수 없었다. 식당 바닥은 이미 해산물 껍데기 천지였다. 살아 있는 해산물들을 모아둔 쪽으로 이동해보았다. 바닷물을 머금은 신선한 해산물이 가득했다. 새우 1kg, 조개 1kg을 주문해본다. 미리 확인한 정보보다 훨씬 저렴한 가격이었다. 적당하게 구운 새우는 속살이 꽉 차 있었고, 갈릭버터로 요리한 조개는 또 다른 맛의 향연이었다. 우리나라에서는 상상할 수 없는 일이지만 다 먹은 해산물의 껍데기를 현지인들처럼 바닥에 버렸다. 아무데나 버리니 왠지 모를 해방감과 함께 더 좋은 맛의 자극이 찾아왔다. 맛있게 먹고 선짜반도로 걸음을 옮겨본다. 정박된 배들이 바람에 출렁거리고 있었다.

꽌 바 꾸앙

어떻게 가야 할까?

▶ 오토바이 또는 자전거로 이동하는 방법

① 다낭 대성당에서 출발한다.

② 송한교를 지나 로터리에서 좌회전한 뒤 직진한다.

③ 해군기지를 지나 첫 사거리가 나오면 우회전한다.

④ 선짜반도 삼거리 전 오른쪽에 꽌 바 꾸앙 식당이 있다.

▶ 택시로 이동하는 방법

다낭 시내에서 도보로 이동하기에는 먼 거리이므로 택시를 이용한다. 다낭 시내에서 이동시 택시비는 10만 동 정도이며, 택시기사에게 주소나 상호를 보여주면 된다.

다낭 정통 현지식 쌀국수,
콴 퍼 박 하이
Quán Phở Bắc Hải

베트남 여행중 꼭 먹어봐야 할 음식 1순위가 '쌀국수'다. 소뼈를 고아 만든 육수에 중간 굵기의 면을 넣고 고명으로 돼지고기나 소고기를 올린 후 각종 야채를 곁들여 먹는다. 고명으로 소고기가 올라가면 '퍼 보', 닭고기가 올라가면 '퍼 가', 돼지고기 가 올라가면 '퍼 타이'라고 한다.

　콴 퍼 박 하이는 일명 '할머니 쌀국수 집'으로 불리는 허름한 로컬식당이지만 다 낭에서 먹을 수 있는 쌀국수 맛집 중 하나다. 적당한 굵기의 면과 하얀 국물이 일품 이다. 매운 음식을 좋아하는 여행자라면 테이블 위에 있는 라임즙이나 칠리소스를 곁들여 더 칼칼한 쌀국수를 즐길 수 있다. 쌀국수도 맛나지만 배추피클이 들어가 아 삭함을 더해주는 볶음밥도 인기메뉴다. 한국어로 된 메뉴판이 있기 때문에 주문도

편하다. 다낭 리조트 내 음식이 지겨워질 때면 할머니 쌀국수 집에 들러 정통 현지식 쌀국수로 입맛을 돋우어보자.

이용 안내

◆ **주소:** 185 Trần Phú, Hải Châu 1 ◆ **위치:** 다낭 대성당 근처 M카페 앞에 위치한다. ◆ **영업시간:** 07:00~23:00
◆ **가격:** 4만 동

Tip
식사를 즐기면서 맥주도 한 잔 하자. 시원한 맥주와 함께 하는 쌀국수는 또 다른 특별한 맛을 안겨준다. 술을 못 마신다면 식사 후 콴 퍼 박 하이 바로 앞에 있는 M카페에서 연유커피를 즐기는 것도 좋다.

 할머니 쌀국수 집
'콴 퍼 박 하이'

✎ **느낌 한마디**

빈자리가 없다. 잠시 기다려 겨우 자리 하나를 배정받는다. 메뉴판 한쪽에는 한국어가 적혀 있어 주문하기 어렵지 않다. 닭고기 쌀국수와 튀김빵(퍼 콰이), 배추볶음밥을 주문했다. 쌀국수 국물은 진하고 조미료를 첨가하지 않아 깔끔한 맛이었다. 튀김빵을 담가 먹는 쌀국수는 정말 베트남 최고의 음식이다. 배추볶음밥은 흡사 우리나라의 김치볶음밥을 먹는 것 같았다. 배추의 아삭함이 살아있었다. 테이블에 있는 핫소스를 첨가하니 더 맛있었다. 콴 퍼 박 하이는 다낭 여행중 꼭 들러야 할 맛집이다.

꽌 퍼 박 하이

어떻게 가야 할까?

▶ 다낭 대성당에서 이동하는 방법

① 대성당 정문을 보고 왼쪽으로 이동한다.

② 첫 사거리의 왼쪽에 M카페가 보인다.

③ M카페 정면이 꽌 퍼 박 하이다.

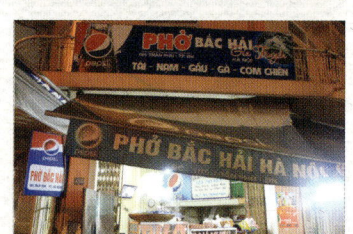

Tip

쌀국수 주문시 현지인처럼 '튀김빵(퍼 콰이)'을 주문하자. 쌀국수 국물에 담가 먹는 튀김빵은 우리를 맛의 향연으로 초대한다.

노보텔

하노이 지방의 대표 음식인 분짜 맛집,

하노이 쓰아

Hà Nội xưa

'분짜(bún chả)'는 북부 하노이 지방의 대표 음식으로 쌀국수에 숯불 돼지고기 완자와 채소를 넣어서 만든 음식이다. 돼지고기 완자는 느억맘(멸치를 발효시킨 베트남 소스)소스에 찍어먹기도 한다. 하노이 쓰아는 몇 테이블 되지 않는 작은 가게임에도 내부가 깔끔하고 맛이 좋아 많은 현지인과 관광객이 찾는다. 다만 분짜는 점심시간에만 판매한다. 분짜는 취향대로 야채를 선택해서 먹을 수 있기 때문에 누구나 먹을 수 있다. 다진 마늘, 고추 등 양념 역시 기호대로 넣어서 먹으면 된다. 하노이 쓰아의 경우 육수에 돼지고기 완자가 담겨져 나오며, 따로 나오는 쌀국수 면을 육수에 넣어서 먹으면 된다. 점심시간 이외에 방문했다면 이 집의 주 메뉴인 닭고기 쌀국수를 먹는 것도 추천한다.

이용 안내

◆**주소:** 95A Nguyễn Chí Thanh ◆**위치:** 노보텔 근처 다운타운 쪽 ◆**오픈시간:** 월~토 06:30~18:30, 분짜 판매 시간(11:00~14:00), 일요일 휴무 ◆**가격:** 분짜 3만 동

✏️ 느낌 한마디

맛집이라고 해서 휘황찬란한 간판을 찾았지만 아무리 둘러보아도 쉽게 찾을 수가 없었다. 하노이 쓰아에 도착해서 보니 생각과 달리 심플한 간판을 달고 있었다. 내부에는 테이블이 몇 개 없었지만 사람들로 가득했다. 점심시간에 찾은 덕에 먹고 싶었던 분짜를 주문할 수 있었다. 은은한 숯불향 돼지고기 완자가 특이했고, 국물마저 담백했다. 누들을 담가 먹는 내내 입안에 감칠맛이 돈다. 고추와 마늘을 첨가하니 매콤함이 더해져 더 맛있는 분짜가 되었다. 보기에는 적어 보였지만 포만감이 들 정도로 풍부한 양이었다. 하노이 대표 음식을 다낭에서 오리지널처럼 먹어보는 복을 누려 본다.

하노이 쓰아

어떻게 가야 할까?

▶ **용교에서 도보로 이동하는 방법**(도보 25분 소요)

① 용교 꼬리부분을 보고 왼쪽 강변을 따라 직진한다. 조각공원과 한시장을 지난다.

② 하이랜드 커피숍을 끼고 왼쪽으로 직진한다.

③ 세 번째 사거리에서 우회전한다.

④ 직진 후 두 번째 사거리를 지나면 coffee 50 맞은편에 하노이 쓰아가 있다.

▶ **택시로 이동하는 방법**

택시 탑승 후 주소나 상호를 보여주면 된다. 다낭 시내에서 이동할 경우 4만 동 이상이면 이동이 가능하다.

Cá chép hóa Rồng

ĐÀ NẴNG - VIỆT NAM

사랑의 부두

다낭식 쌀국수 미꽝을 즐길 수 있는 곳,

미꽝 1A

Mì Quảng

미꽝(Mì Quảng)은 다낭의 대표 쌀국수로 '미'는 '노란색 쌀면', '꽝'은 '꽝남 지방'을 의미한다. 우동처럼 굵은 면에 땅콩가루 등 견과류, 각종 고기를 고명으로 올리고 국물은 조금만 넣고 비벼 먹는 베트남식 비빔국수다. 고명으로는 새우·닭고기·돼지 고기 등을 선택할 수 있다. 미꽝 1A는 작고 허름하지만 다낭 지방에서 가장 깔끔하고 맛을 잘 내기로 유명한 집이다. 미꽝을 주문하면 야채가 듬뿍 나오는데, 그릇에 담겨져 나오는 미꽝에 야채를 넣고 매콤한 소스에 비벼서 먹는다. 칼칼하게 먹고 싶다면 테이블 위에 있는 매운 고추절임을 넣으면 된다. 쫄깃한 면발과 각종 야채, 그리고 1/3 정도 담긴 육수, 견과류가 들어간 고소한 소스가 절묘하게 조화를 이룬다. 다양한 종류가 들어간 미꽝을 먹고 싶다면 새우·닭고기·돼지고기·삶은 계란까지

모두 포함된 누들 스페셜을 주문하면 된다. 베트남 중부지방에서만 특별히 맛볼 수 있는 미꽝을 절대 놓치지 말자.

이용 안내

◆ **주소:** 1 Hải Phòng, Hải Châu 1, Đà Nẵng ◆ **위치:** 노보텔 근처 다운타운 쪽 ◆ **영업시간:** 06:00~21:00 ◆ **가격:** 돼지고기&새우 미꽝 2만 5천 동, 누들 스페셜 4만 동

Tip

한국식과 베트남식으로 같이 즐기고 싶다면 고추장을 첨가해서 먹어보는 것도 좋은 방법이다. 또한 고명으로 올라간 고기나 계란은 매운 소스에 따로 찍어 먹으면 더 특별한 맛을 즐길 수 있다.

 미꽝 대표 맛집
'미꽝 1A'

✎ 느낌 한마디

보통 국수라고 하면 국물이 있는 게 특징이지만 미꽝은 국물 없이 비벼 먹는 게 특징이며, 면은 우동처럼 굵고 노란색을 띈다. 쫄깃한 면과 견과류가 함께 어우러져 매우 고소했다. 어떤 재료 때문인지는 알 수 없지만 단맛과 달콤한 맛이 더해져 국물 쌀국수에 익숙한 입맛을 또 다르게 사로잡았다. 금방 한 그릇을 비우고 누들 스페셜을 주문해본다. 우리에게 익숙한 삶은 계란이 더해져 더 맛났다. 한국식 비빔국수처럼 맵지는 않지만 나름 색다른 베트남식 비빔국수로 맛집 행진을 이어본다.

미꽝 1A

어떻게 가야 할까?

▶ 용교에서 도보로 이동하는 방법(도보 25분 소요)

① 용교 꼬리부분을 보고 왼쪽 강변을 따라서 직진한다.

② 조각공원과 왼쪽 한시장을 지난다.

③ 하이랜드 커피숍을 끼고 왼쪽으로 직진한다.

④ 세 번째 사거리에서 우회전한다.

⑤ 직진 후 삼거리 MILANIO CAFE에서 좌회전한다.

⑥ 직진 후 첫 번째 사거리를 지나면 왼쪽에 위치한 미꽝 1A가 보인다.

▶ 택시로 이동하는 방법

택시로 이동할 경우 택시 탑승 후 주소나 상호를 보여주면 된다. 다낭 시내에서 이동한다면 4만 동 이상이면 이동이 가능하다.

다낭 여행의 필수코스 레스토랑,

마담 란

Madame Lân

마담 란은 다낭 여행자들의 필수코스가 되어버린 레스토랑이다. 일반적인 로컬식당
보다 가격이 조금 비싸지만 내부 규모와 인테리어를 놓고 보면 절대 비싼 가격이 아
니다. 마담 란은 2층 구조로 고급스러운 인테리어가 돋보이며, 2층에서는 한강변을
바라보며 식사를 즐길 수도 있다. 여행자들이 마담 란을 찾는 이유는 셀 수 없을 정
도로 메뉴가 다양해 취향에 맞는 음식을 주문할 수 있기 때문이다. 메뉴판에는 음식
사진이 함께 있어 주문하는 데 전혀 문제가 되지 않는다. 다만 음식 맛은 무난하지
만 여행자들의 입맛에 따라 호불호가 나누어지기도 하고, 많은 종업원 수에 비해 한
국처럼 빠른 서비스가 이루어지지 않아 후기에 불만이 올라오기도 한다. 하지만 저
녁시간에는 예약이 필수일 정도로 늘 관광객이 많은 곳이다. 한국 여행자들의 인기

메뉴는 반쎄오와 해산물 스프링 롤이다. 마담 란을 찾아 취향에 맞는 음식과 맥주한 잔으로 다낭의 무더위를 식혀보자.

이용 안내

◆**주소:** 4 Bạch Đằng, Q.Hải Châu, Tp. Đà Nẵng ◆**위치:** 노보텔 근처 한강변 ◆**영업시간:** 06:00~22:00 ◆**가격:** 반쎄오 5만 9천 동, 스프링 롤 14만 6천 동 ◆**홈페이지:** www.madamelan.vn/site/aboutus

Tip

저녁시간에 마담 란을 찾을 경우 꼭 2층으로 예약해 한강변과 함께 펼쳐진 송한교와 야경 정취에 흠뻑 취해보자. 참고로 계산 후 영수증을 꼭 살피는 것이 중요하다. 방문하는 사람들이 워낙 많기 때문에 종종 주문하지 않은 음식이 함께 계산되는 경우가 있다.

메뉴가 다양한 '마담 란'

✏ **느낌 한마디**

다운타운 식당으로는 꽤 큰 규모이며 깨끗한 인테리어가 특징이었다. 이 집의 주 메뉴인 반쎄오와 스프링 롤, 그리고 맥주를 주문한다. 숙주와 고기가 어우러진 베트남식 부침개 반쎄오에 각종 야채와 소스를 곁들여 라이스페이퍼에 싸서 먹으니 한 조각으로도 배가 든든해진다. 적당히 튀겨진 반쎄오에는 바삭함과 숙주의 아삭함이 있었다. 기름에 튀겨서 느끼할 것 같았지만 신선한 야채를 곁들이니 계속해서 손이 간다. 바삭한 스프링 롤을 안주 삼아 맥주 한 잔을 들이킨다. 목까지 시원하게 적셔주는 맥주에 다낭의 무더위가 달아난다.

마담 란

어떻게 가야 할까?

▶ 용교에서 도보로 이동하는 방법(도보 25분 소요)

① 용교 꼬리를 보고 왼쪽 강변을 따라 직진한다.

② 하이랜드 커피숍을 지난다.

③ 노보텔을 지난다.

④ 직진하면 왼쪽이 마담 란이다. 용교에서 약 25분 정도 소요된다.

▶ 택시로 이동하는 방법

택시로 이동할 경우 탑승 후 주소나 상호를 보여주면 된다. 다낭 시내에서 이동한다면 4만 동 이상이면 이동이 가능하다.

사랑의 부두

오행산 자락에 위치한 최고의 맛집,
라루나
Laluna Bar & Restaurant

라루나는 오행산 근처에서 최고의 맛집으로 정평이 나 있는 곳으로, 오행산 투어 후 지친 여행자들이 다낭 시내 식당까지 가지 않고 배를 채울 수 있는 최적의 장소다. 특히 주인장의 친절에 음식 맛은 배가된다. 빵이나 라이스페이퍼에 각종 야채·생선 등을 넣어 기름에 튀긴 스프링 롤, 한국 라면과도 흡사한 누들 스프, 야채가 듬뿍 들어간 샐러드, 팬케이크, 튀긴 면 요리, 볶음밥 등 다양한 메뉴가 준비되어 있다. 모든 음식이 다 맛있어 어떤 음식을 선택해도 후회가 없을 테지만, 그 중에서도 볶음밥과 스프링 롤은 이 집의 자랑이다. 다른 곳에서 볶음밥과 스프링 롤을 먹어보지 못했다면 이 집에서 꼭 먹어보기를 추천한다.

이용 안내

◆ **주소:** K280/, 23 Hoàng Diệu, Phước Ninh, Q. Hải Châu, Đà Nẵng ◆ **위치:** 오행산 엘리베이터를 나와 왼쪽 삼거리 ◆ **영업시간:** 07:00~23:00 ◆ **가격:** 볶음밥 7만 동, 스프링 롤 7만 동

Tip

라루나 식당의 정면으로 보고 왼쪽으로 이동하면 다낭 해변이 나온다. 배불리 식사를 마친 후 휴식을 취하고 싶다면 해변으로 나가 산책을 즐겨보자. 여유로운 시간을 한껏 만끽할 수 있을 것이다.

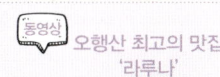 오행산 최고의 맛집 '라루나'

✎ 느낌 한마디

오행산 투어 후 다낭 시내까지 이동해서 식사를 해결하기에는 너무 늦은 시간이었다. 그런데 오행산 앞쪽에는 석재상밖에 없어 어디를 가야 할지 고민이었다. 그때 홍일점처럼 유일하게 맛있는 음식을 제공하는 라루나 식당이 보였다. 얼른 들어가 볶음밥과 스프링 롤을 주문한다. 다른 베트남 식당에 비해서 음식이 깔끔하다. 볶음밥도 밥과 소스가 따로 나온다. 밥과 해산물소스가 조화를 이루며 특별한 맛을 자아낸다. 탱탱하고 신선한 새우가 토마토와 어우러져 볶음밥을 더 맛나게 한다. 갓 튀긴 스프링 롤은 입안 가득 바삭함을 전해준다. 오행산의 필수코스와도 같은 라루나에서 맛있는 음식을 즐겨보자.

라루나

어떻게 가야 할까?

▶ 오행산 엘리베이터 쪽에서 이동하는 방법

① 오행산 도로에서 보았을 때 왼쪽에 Tu Hung 가게가 있다.

② 왼쪽에 Tu Hung 가게를 두고 직진한다.

③ 삼거리에서 45도 오른쪽에 있는 식당이 라루나 식당이다.

Tip

오행산 근처에 있는 모든 슈퍼는 다낭 시내보다 물가가 비싸다. 생수의 경우 일부 가게에서는 다낭 시내에서 살 때보다 2배 정도 더 받는다. 물론 한국 물가로 따져보면 얼마 되지 않는 가격이지만 다낭을 여행하다 보면 작은 것에도 기분이 상할 수 있다. 그러니 오행산을 찾기 전에 생수 2병 정도는 준비하자.

佛

寶

오행산 영응사

베트남식 부침개 반쎄오 식당,

반쎄오 바융

Bánh xèo bà Dưỡng

반쎄오 바융은 반쎄오와 넴루이로 유명한 현지 맛집이다. 반쎄오의 '반'은 '쌀가루로 만든 음식', '쎄오'는 '지글거리는 기름소리'라는 뜻으로, 반쎄오가 노란색인 것은 반죽할 때 강황을 넣었기 때문이다. 반쎄오와 찰떡 궁합인 넴루이는 그릴에 구운 베트남식 완자를 말한다. 반쎄오는 쌀가루에 새우·돼지고기·숙주·각종 야채 등을 넣고 반죽해 구워내는 베트남식 부침개다. 반쎄오는 라이스페이퍼에 야채를 올리고 반쎄오와 넴루이를 올려 싼 후 소스에 찍어 먹으면 된다. 반쎄오 바융은 현지인들이 가장 많이 찾는 반쎄오 식당으로 늘 빈자리가 없을 정도로 사람들이 많다. 이 집의 새로운 메뉴 중 하나인 조개탕도 인기다. 현지 맛집에 들러 가장 베트남다운 음식에 도전해보자.

이용 안내

◆ **주소:** 278 B Hoàng Diệu, Hải Châu ◆ **영업시간:** 12:00~24:00 ◆ **가격:** 반쎄오 5만 5천 동, 넴루이 5천 동

Tip

반쎄오 바융은 해안도시의 특성답게 해산물 요리도 취급한다. 현지인들은 반쎄오보다 해산물 요리를 더 즐긴다. 반쎄오와 함께 신선한 해산물 요리도 같이 즐겨보자.

반쎄오 맛집
'반쎄오 바융'

🖋 느낌 한마디

유명 식당을 쉽게 찾을 수 없을 때는 주위를 둘러보고 사람들이 가장 많이 몰려 있는 곳을 찾으면 된다. 반쎄오 바융도 처음에는 눈에 들어오질 않았다. 식당 간판도 우리나라처럼 휘황찬란하지 않았다. 외국인이 가게를 찾으니 의외라는 반응이었다. 베트남 국민의자인 목욕탕 의자에 앉아 반쎄오와 넴루이를 주문한다. 친절히 먹는 방법까지 가르쳐준다. 라이스페이퍼에 반쎄오와 넴루이를 올려 싼 후 소스를 찍어 먹으면 된다. 이 집의 반쎄오에는 숙주와 고기까지 듬뿍 들어가 있었다. 반쎄오의 바삭함과 넴루이의 부드럽고 담백한 맛이 조화롭게 어울렸다. 무엇보다 고기 소스의 단맛이 절묘했다. 적은 양이지만 금방 포만감이 몰려왔다. 계산을 하고 밖으로 나오니 프라이팬에서 연신 반쎄오가 구워지고 있었다.

반쎄오 바융

어떻게 가야 할까?

▶ 용교에서 도보로 이동하는 방법(20분 소요)

① 용교 꼬리부분을 보고 뒤쪽 다운타운 쪽으로 이동
한다.

② VANDA 호텔을 지난다.

③ 삼성 서비스센터를 지난다.

④ 사거리에서 횡단보도를 건넌 후 하이랜드 커피 앞
에서 좌회전한다.

⑤ 100여m 직진하면 오른쪽에 반쎄오 바융이 위치
해 있다. 용교에서 도보로 약 20분이 소요된다.

오행산 현공동굴

놀거리와 볼거리가 많은 다낭의 랜드마크,
아시아파크 Asia Park

다낭 시내 롯데마트 근처에 한강변을 끼고 아시아파크가 조성되어 있다. 아시아파크에는 간단한 놀이기구가 있으며, 화려한 조명시설 덕분에 야간에도 즐길 수 있는 최적의 장소다. 특히 다낭의 화려한 야경을 감상할 수 있는 아시아파크 대관람차는 높이 115m의 64개의 캐빈을 가지고 있으며, 아시아파크의 운영회사인 썬그룹의 이름을 따서 '썬휠'이라고 부른다. 현지인이나 여행객 구분 없이 가족 또는 커플들이 즐겨 찾는 곳으로, 다낭의 랜드마크라고 볼 수 있다. 놀이기구를 타지 않고 야경을 감상하는 것만으로도 충분히 아시아파크의 아름다움에 취할 수 있으니, 시간적 여유가 있다면 방문해보자.

이용 안내

◆**주소:** 1 Phan Đăng Lưu, Hòa Cường Bắc ◆**오픈시간:** 월~금 15:30~22:30, 토~일 09:30~22:30 ◆**입장료:** 성인 20만 동, 키 1m~1m 30cm 15만 동, 키 1m 미만 무료 ◆**홈페이지:** www.asia-park.vn ◆**이동 방법:** 용교 꼬리부분을 보고 오른쪽으로 이동한다. 도보로 30분 이상 소요되는 거리이므로 택시로 이동하는 것이 좋다. 아시아 파크 바로 앞이 롯데마트다.

Tip
다낭 여행 일정 중 아시아파크를 제일 마지막 일정으로 잡는다면, 아시아파크 짐 보관소에 캐리어를 보관한 후 아시아파크 바로 맞은편의 롯데마트에서 쇼핑한 후 아시아파크를 구경하고 공항으로 이동하는 것도 방법이다.

 다낭의 랜드마크 '아시아파크'

🖊 **느낌 한마디**

다낭 시내에서 가장 화려한 조명시설을 자랑하는 관광명소가 아시아파크다. 오후에 찾은 아시아 파크에는 벌써부터 입장을 기다리는 아이들로 가득했다. 더운 날씨에도 불구하고 아이들의 얼굴에는 놀이기구를 탄다는 설렘이 넘쳐났다. 현대식으로 지어진 입구는 화려했다. 회전목마 등의 놀이기구가 기대만큼은 아니었지만, 해가 진 아시아파크는 또 다른 선물을 안겨주었다. 형형색색 바뀌는 썬휠의 화려함과 조명을 밝힌 아시아파크는 가장 화려한 다낭의 모습이었다.

아시아파크
어떻게 즐겨볼까?

입구는 중국풍을 기초로 해 현대식으로 지어졌으며, 시계탑은 한국·일본·중국·캄보디아 등 10여 개국의 양식을 조합해서 만든 것으로, 시계탑 건물은 낮보다 야간에 더 화려하다. 모노레일을 타면 아시아파크 전체를 한눈에 볼 수 있으며, 중간에 잠시 쉬기도 해서 사진도 찍을 수 있다. 또한 가장 멋진 다낭의 야경을 구경할 수 있는 썬휠과 다양한 놀이기구도 탈 수 있다.

Tip

다낭 야경 감상의 스카이라운지, 스카이 36(Sky 36)

노보텔에는 다낭 여행의 필수코스가 된 '스카이 36바'가 있다. 다낭에서 핫한 장소 중 하나인 스카이 36바는 2014년 오픈했다. 35층은 다낭을 찾는 젊은이들이 음악과 함께 즐거운 시간을 보낼 수 있는 클럽이 운영되고, 36층은 다낭 최고의 야경을 구경할 수 있는 스카이라운지가 있다. 다낭의 멋진 야경을 한눈에 담고 싶다면 눈이 즐겁고 가슴이 뛰는 스카이 36바를 찾아보자. 다만 스카이 36바는 드레스 코드가 있기 때문에 슬리퍼를 신고 입장할 수 없으며, 남자는 반바지 차림으로도 입장할 수 없다. 다낭 시내에서 가장 높은 스카이 36바를 찾아 다낭을 한눈에 담아보자.

◆ **주소**: 36 Tầng 36, Đường Bạch Đằng, Phường Thạch Thang, Quận Hải Châu ◆ **위치**: 노보텔 36층
◆ **영업시간**: 17:00~02:00 ◆ **가격**: 칵테일 40만 동(세금별도) ◆ **복장제약**: 슬리퍼를 신으면 입장이 제한되고, 남성의 경우 반바지 차림도 안 된다.

아시아파크

둘째 날,
세계문화유산과 멋진 야경을 가진 도시,
호이안

Da Nang

여행지마다 고풍스러운 모습을 담고 있는 곳이 있다. 호이안은 다낭 여행 중 꼭 들러야 하는 곳이다. 특히 호이안의 야경은 명품 야경이라며 많은 여행자들의 찬사를 받고 있다. 동화적 멋이 남아 있는 호이안의 골목 구석구석을 산책하듯이 둘러보자. 그러다 힘이 들면 강가에 자리한 바·카페에서 커피 한 잔의 여유도 가져보자. 호이안에 방문하는 것만으로도 베트남 여행의 특별함을 더할 수 있다. 호이안을 알차게 즐기는 방법을 소개한다.

둘째 날 일정 한눈에 보기

| 호이안 올드타운 | ▶ | 호이안 야경 | ▶ | 안방비치 |

둘째 날 일정지도

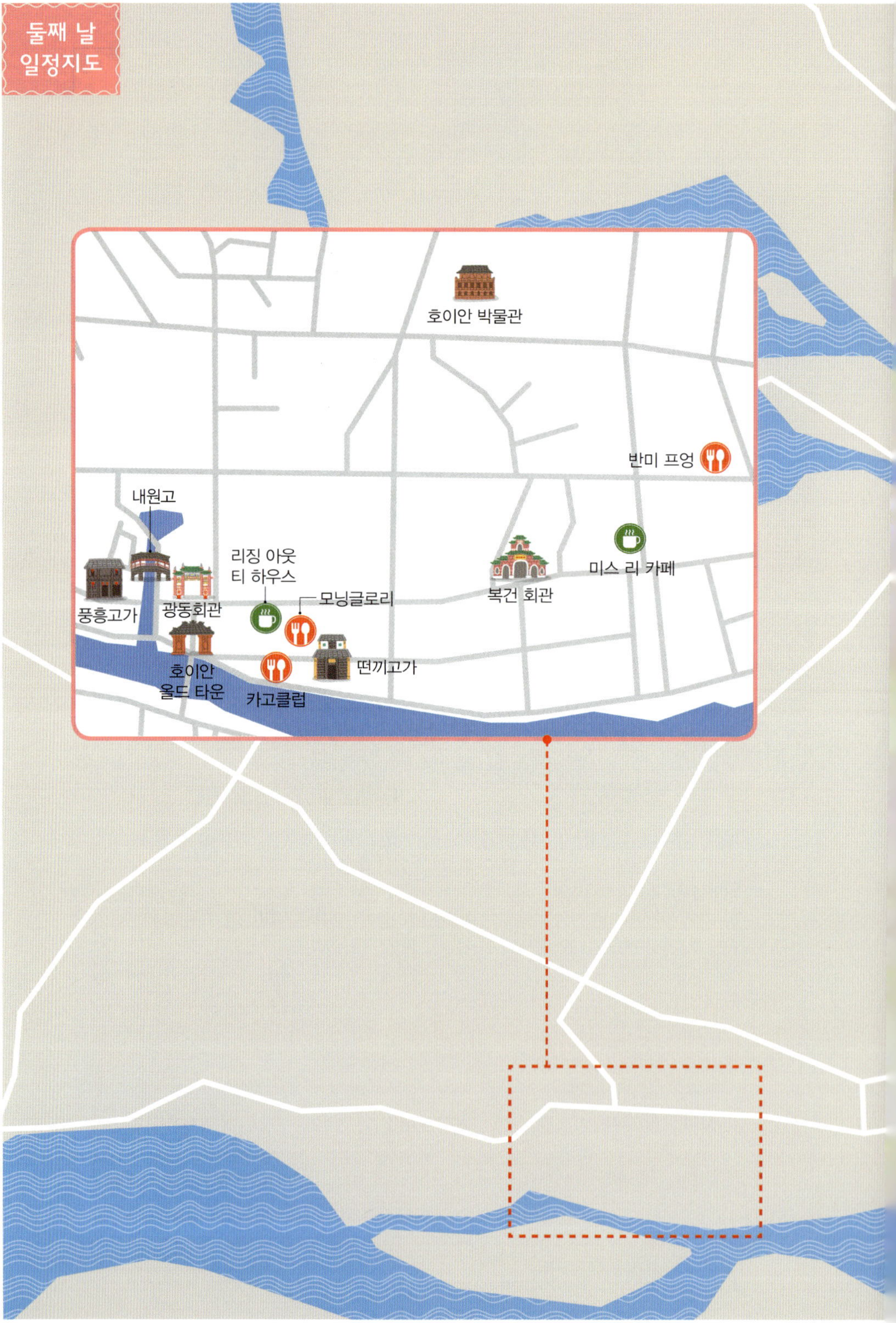

호이안 박물관
반미 프엉
내원고
리징 아웃
티 하우스
모닝글로리
미스 리 카페
복건 회관
풍흥고가
광동회관
호이안
올드 타운
카고클럽
떤끼고가

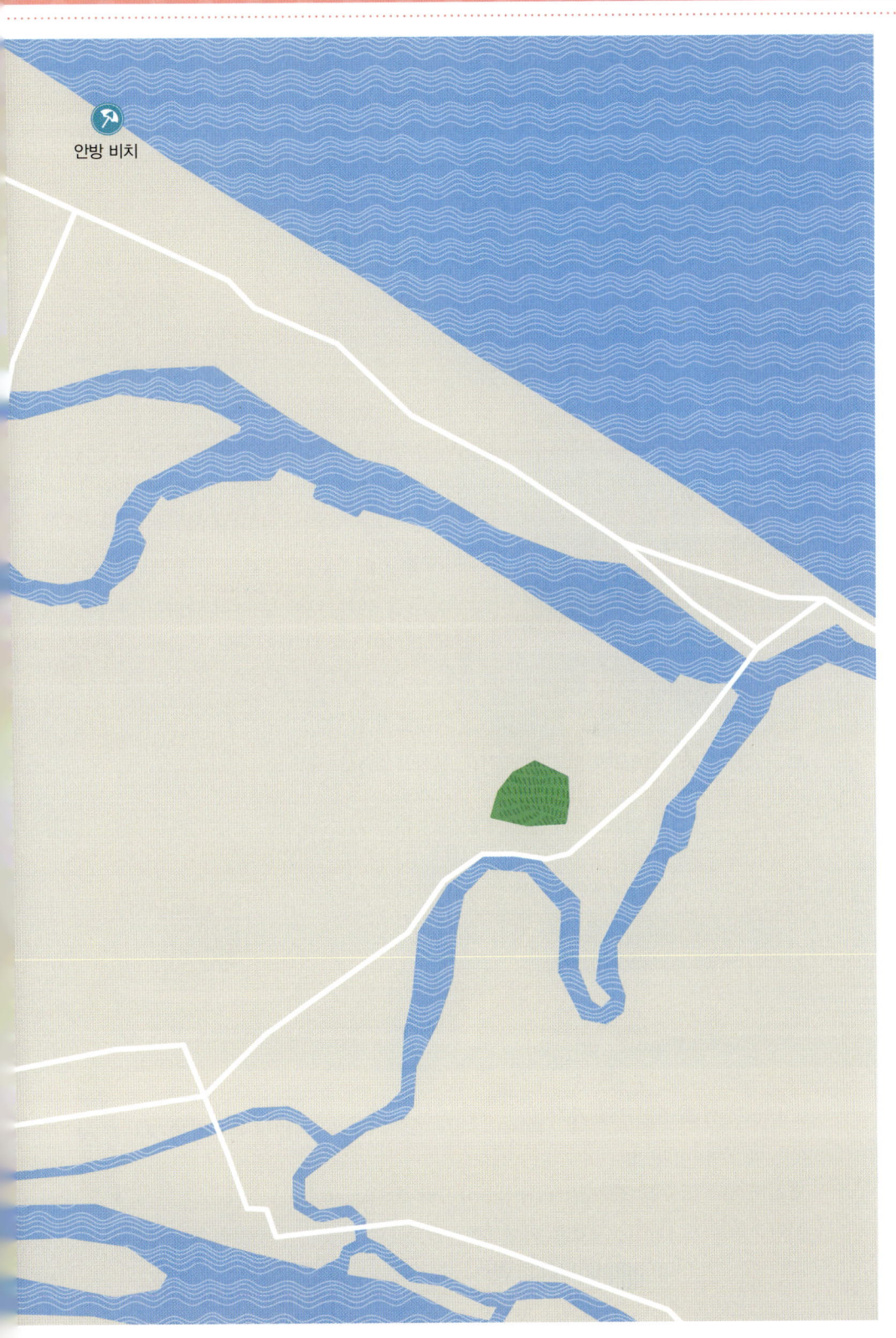

안방 비치

호이안을 알차게 즐기려면
꼭 알아야 할 것들

1. 세계문화유산으로 지정된 호이안

다낭에서 남동쪽으로 24km 떨어진 작은 도시 호이안은 1999년 세계문화유산으로 지정되었다. 부글라강(江) 어귀의 지리적 여건으로 일찍부터 국제 무역항으로 발전했고, 중국·네덜란드·포르투갈·일본·인도 등 여러 나라의 상선이 머물면서 자연스럽게 동서양의 문화가 공존하게 되었다. 최근 베트남 중부 여행의 가장 핫 플레이스로, 도시 곳곳에는 고풍스러운 동화적 멋이 남아 있다. 호이안의 가장 대표적 음식인 까오라우(Cao lầu)도 즐겨보고, 강가도 거닐며 호이안의 옛스러운 정취에 취해보자.

Tip
호이안은 매월 음력 14일 제등 축제 행사로 유명한데 등불과 함께 소원을 빌고 촛불을 강 위에 띄운다. 음력 14일에 맞추어 찾는다면 더 특별한 호이안을 즐길 수 있다. 그 기간에 맞추지 못한다면 투본강 목선투어로 호이안 야경을 즐기며 종이 등불을 띄우고 소원을 비는 것으로 대신해보자.

동영상
고풍스러운 도시
'호이안'

2. 다낭에서 호이안으로 가기

로컬버스로 이동할 경우 비용은 저렴하지만 호이안 버스정류장에 도착한 후에 호이안 시내까지 택시나 도보로 이동해야 하는 단점이 있다. 신투어리스트 버스는 가격은 로컬버스보다 비싸지만 쾌적한 환경과 시간 절약이라는 장점이 있다. 물론 가장 좋은 이동 방법은 택시다.

로컬버스로 이동하는 방법

다낭 대성당에서 노란색 1번 버스를 타면 된다. 성당 정문을 바라보고 오른쪽으로 이동하면 버스정류장이 있다. 버스에 탑승하면 표를 나눠주는 사람이 돈을 받는다. 버스 요금은 원래 2만 5천 동이지만 표를 구매하는 것도 아니어서 외국인에게는 무조건 5만 동 이상을 받는다. 다낭 대성당에서 호이안 버스정류장까지는 1시간 이상이 소요되며, 비록 에어컨 시설은 없지만 큰 짐을 싣고 이동하는 데는 문제없다.

◆ 운행시간: 05:30~17:00 ◆ 배차간격: 20~30분

Tip

다낭국제공항에서 호이안으로 이동할 경우에는 호이안으로 직접 가는 것이 아니라 택시(비용 10만 동)를 타고 다낭 대성당에 간 후 로컬버스를 이용하는 것이 좋다. 택시를 타고 다낭 대성당으로 이동할 때 택시기사에게 다낭 대성당 주소를 보여주면 된다.

◆ 주소: Nha Tho Con Ga, 156 Tran phu St.

신투어리스트 버스로 이동하는 방법

쾌적한 신투어리스트 버스는 현지 여행사나 홈페이지에서 예약할 수 있다. 홈페이지 예약시 결제를 완료하면 예약번호가 보이며, 이메일로 티켓 부킹번호와 교환권을 받을 수 있다. 다낭~호이안 구간은 1시간 정도 소요되며 비용은 15만 9천 동 이상이다.

◆ 다낭 신투어리스트 여행사 위치: 154 Bach Dang St., Da Nang City
◆ 홈페이지: www.thesinhtourist.vn

리조트 셔틀버스로 이동하는 방법

다낭에 위치한 5성급 리조트는 호이안까지 운행하는 셔틀버스를 자체적으로 운영하고 있다. 호텔별로 일일 운행횟수나 시간, 요금이 다르므로 리조트에 문의한 후

이용하자. 다만 대부분의 리조트들이 호이안에서 돌아오는 시간이 빠르기 때문에 리조트로 돌아올 때도 셔틀버스를 이용하면 호이안의 야경을 제대로 구경할 수 없다는 단점이 있다.

택시로 이동하는 방법

베트남에서 가장 큰 택시회사인 흰색의 비나선, 녹색의 마일린, 노란색의 티엔사 택시를 이용하는 것이 좋다. 일행이 3명 이상이라면 택시 이용도 고려해볼 만하다. 다낭에서 호이안까지 35분 정도 소요되며 비용은 40만 동 정도다.

3. 호이안 교통

호이안은 도시가 작기 때문에 도보로도 충분히 여행이 가능하다. 다만 외곽 지역(미선유적지 등) 관광시 신투어리스트 버스나 시내버스를 이용하거나 오토바이를 렌트해 이동하는 것이 좋다.

씨클로

자전거를 개조한 씨클로를 이용하면 고풍적인 호이안 도시를 가장 편하게 다닐 수 있다. 씨클로는 타기 전에 반드시 흥정을 하고 타야 한다. 정해진 가격은 없지만 보통 30분에 10만 동 정도다.

자전거

도시의 규모가 작지만 더운 여름에 여행할 경우 도보보다 자전거가 더 좋다. 하이비쯩 거리에 위치한 자전거 대여점이나 숙소에서 대여할 수 있다. 대여료는 자전거의 상태에 따라 일일 2만~5만 동이다.

택시

녹색의 마일린 택시를 이용하는 것이 좋다. 미터기 없이 외곽 지역(미선유적지 등)을 이동할 때는 바가지 요금이 많기 때문에 탑승 전에 꼭 흥정을 해야 한다. 목적지까지의 대략적인 가격 정보는 호텔 직원에게 얻는 것도 좋은 방법이다.

4. 호이안 마사지

팔마로사(Palmarosa) 마사지

호이안 구시가지에 위치해 있다. 다낭 호텔에 투숙중이라면 하루 전에 호텔 직원에게 예약을 부탁해도 되고, 직접 이메일 또는 홈페이지를 통해 예약해도 된다.

◆주소: 90 Bà Triệu, Cẩm Phô, Tp. Hội An, Quảng Nam ◆홈페이지: palmarosaspa.vn ◆이메일: palmarosaspa@yahoo.com ◆영업시간: 10:00∼21:00 ◆가격: 38만 동(Asian blend body therapy 65분)

수비스파(Subi SPA)

팔마로사 다음으로 가장 많이 찾는 곳이다. 가격은 팔마로사보다 저렴하며 마사지 기술도 좋다. 일부 여행자는 팔마로사 마사지보다 더 우수하다고 평가한다.

◆주소: 90 Bà Triệu, Cẩm Phô, Tp. Hội An, Quảng Nam ◆홈페이지: www.subitheraphy.com ◆이메일: subibeauty@gmail.com ◆영업시간: 10:00∼21:00 ◆가격: 42만 동(subi theraphy)

5. 호이안 숙소

최대 성수기가 아니라면 예약 없이도 호이안에 도착해서 쉽게 숙소를 구할 수 있으며 흥정도 가능하다. 호이안 올드타운 근처에는 다양한 숙소들이 자리하고 있다.

5성급 고급 호텔($130~)

▶골든 샌드 리조트(Golden Sand Resort & Spa)

안방비치 근처에 위치해 있어 최고의 해변 전망을 즐길 수 있다. 객실 가구는 좀 오래되었지만 청결하고 호이안에서 가장 긴 수영장을 소유하고 있다. 호이안 시내까지 무료 셔틀버스를 운영하고 있다.

◆ **홈페이지:** www.goldensandhoian.com ◆ **이메일:** reservation@goldensandhoian.com

▶선라이즈 프리미엄 리조트(Sunrise Premium Resort Hoi An)

최고의 바다 전망을 자랑한다. 호텔은 청결하며, 여행자들 사이에서는 조식이 잘 나오는 곳으로 소문이 자자하다. 안방비치와 근거리에 위치한다.

◆ **홈페이지:** sunrisehoian.vn

▶호텔 로얄 호이안 M 갤러리(Hotel Royal Hoi An MGallery)

구시가지 가까이에 위치해 있어 도보로 이동이 가능하다. 욕실이 오픈되어 친구보다는 연인이나 부부가 이용하기에 더 좋다.

◆ **홈페이지:** www.hotelroyalhoian.com ◆ **이메일:** Reservation@hotelroyalhoian.com

3~4성급 중급 호텔($40~)

▶호이안 실크 마리나 리조트(Hoi An Silk Marina resort)

2016년에 오픈해 시설이 깨끗하고 청결하다. 특히 수영장 수심이 얕아 어린이를 동반한 가족여행자가 이용하기에 좋다. 구시가지와는 도보 10분 거리 내에 있다.

◆ **홈페이지:** www.hoiansilkmarina.com

▶알마니티 호이안 리조트(Almanity Hoi An Resort)

구시가지에서 도보로 10~15분 거리이며 많은 한국 여행자들이 찾았다. 다만 수영장에 수심이 얕은 구역이 없으므로 유아 동반 가족 여행객이라면 참고하자.

◆홈페이지: www.almanityhoian.com

▶빈흥 에메랄드 리조트(Vinh Hung Emerald Resort)

한국 여행자들의 인기 호텔로 구시가지와 가까우며, 수영장은 50cm부터 단계별로 조성되어 있어 유아 동반 가족 여행객에게 유용하다. 객실이 작은 것이 흠이지만 전반적인 시설은 가격 대비 실속있는 호텔이다.

◆홈페이지: www.vinhhungemeraldresort.com

▶호이안 리버 타운 호텔(Hoi An River Town Hotel)

신축 호텔로 구시가지와 도보로 10분 거리에 위치해 있다. 안방비치까지 무료 셔틀을 운행하고 있고, 자전거도 무료로 대여해준다.

◆홈페이지: hoianrivertown.com   ◆이메일: info@hoianrivertown.com

알찬 가격의 숙소($10~40)

▶빈흥 2 시티 호텔(Vinh hung 2city Hotel)

호이안 올드타운 내에 위치해 있으며, 호이안의 여러 맛집과 팔마로사 마사지숍 등 도보로 이동 가능하다. 호텔 내 엘리베이터가 없다는 단점이 있지만, 수영장 시설도 갖추어져 있고 가격 대비 가성비 최고인 호텔이다.

◆홈페이지: www.vinhhungcityhotel.com

▶ 티엔티 빌라(TNT Villa)

가격 대비 시설이 좋아 여행자들에게 인기가 많다. 수영장도 성인·유아(0.5~1.6m) 시설을 따로 갖추고 있고, 구시가지도 도보로 10분 거리에 있다.

◆ 홈페이지: www.tntvillahoian.com

▶ 에덴 홈스테이(Eden Homestay)

구시가지에서 도보로 20분 정도 소요된다는 단점이 있지만 숙소에서 자전거를 대여해 이동하면 그렇게 먼 거리도 아니다. 가격 대비 최고의 숙소다.

◆ 홈페이지: edenhoianhomestay.com
◆ 이메일: info@edenhoianhomestay.com

▶ 누니 홈스테이(Nu ni Homestay)

배낭여행객들에게 가장 적합한 숙소다. 호이안의 상징인 내원교에서 300m 거리에 위치한다.

◆ 홈페이지: nunihomestayhoian.com   ◆ 이메일: nunihomestayhoian@gmail.com

▶ 블루 레이크 홈스테이(Blue Lake Homestay)

구시가지와 조금 떨어진 거리에 위치하지만 내부 시설이 깨끗하고 자전거를 무료로 대여해준다는 장점이 있다. 10여 개의 객실을 보유하고 있으며, 성수기에는 빈방을 찾을 수 없을 정도로 인기가 많다.

◆ 홈페이지: bluelakehomestay.com

호이안 올드타운

훌쩍 떠나는 과거로의 시간여행,
호이안 올드타운
Hoi An Ancient Town

호이안에는 베트남전쟁의 피해를 거의 입지 않은, 과거의 모습을 그대로 간직한 곳이 있다. 15~19세기 최대 무역항이자 동서양의 다양한 모습이 공존하고 있는 호이안 올드타운이다. 1999년 세계문화유산에 등재된 올드타운은 호이안의 상징인 내원교를 비롯한 고가(古家)·사찰·회관·박물관·종교적 건물로 가득하다. 특히 전통적 공법에 기초한 고가가 인상적이다.

올드타운에는 각양각색의 색 바랜 빈티지 건물들이 고풍스러운 자태를 뽐내며 자리하고 있으며, 베트남의 상징격인 논(베트남 전통모자)을 쓰고 가인(양쪽에 광주리를 매단 나무)을 멘 행상들의 모습, 아오자이로 한껏 멋을 낸 베트남 여인의 모습이 옛 건물과 어우러져 느림의 미학을 자아낸다. 입구 매표소에서 통합 입장권을 구입해 과

거로 떠나는 시간 여행의 정취에 빠져보자. 내원교에 들러 베트남 돈 2만 동에 새겨진 내원교 모습과 실제 모습을 비교해보고, 고가에 방문해 300년 된 가옥을 감상하다 보면 호이안 올드타운의 매력에 푹 빠지게 될 것이다. 호이안 올드타운에서 다낭 여행의 멋진 추억도 만들고, 호이안 전통음식도 즐겨보자.

이용 안내

◆**통합입장권:** 12만 동 ◆**통합입장권 구입처:** 투본강 다리 건너기 전 옛 도시에 들어가는 입구 또는 올드타운 내에 매표소가 있다.

> **Tip**
>
> 통합입장권을 구매하면 올드타운에 자리한 볼거리 중 무료입장을 제외한 5곳만 선택적으로 관광할 수 있다. 여행자의 취향에 따라 볼거리를 선택하는 것도 방법이지만 선택이 어려울 때는 156쪽 '호이안 올드타운 어떻게 즐겨볼까?'에 맞춰서 관광하는 것도 한 방법이다.

동영상

세계문화유산
'호이안 올드타운'

색 바랜 건물과 논을 쓰고 나룻배를 이끄는 뱃사공의 모습은 흡사 영화 속 세트장을 연상케 한다.
거리는 각양각색의 연등이 가득했고 노란색 건물들이 줄 지어 서 있어 알록달록한 물감을 풀어놓
은 듯하다. 자전거 렌트로 올드타운 구석구석을 돌아본다. 눈이 즐겁다. 볼 것도, 담을 곳도 많은
올드타운이다. 단체 여행객의 줄 지은 씨클로 행진도 보인다. 길거리 한편에 자전거를 세우고 더
없이 여유로운 현지인들의 모습을 눈과 마음, 그리고 사진에 담아본다. 빈티지 건물에서 신혼부부
들의 웨딩 촬영이 한창이다. 어디를 배경으로 삼든 다 작품 사진을 만들어주는 곳이 호이안이다.
투본강가에 머물며 여행자들의 모습을 바라본다. 가다 서다를 반복하며 풍경 담기에 정신이 없다.
멋스러움이 가득한 호이안은 다낭 여행지의 필수코스다.

호이안 올드타운
어떻게 가야 할까?

▶ 내원교 찾아가는 방법

① 입구 매표소에서 통합입장권을 구매한다.

② 다리를 건넌다.

③ 직진하면 광동회관이다.

④ 광동회관에서 좌회전을 하면 내원교가 있다. 내원교를 통과하면 오른쪽에 풍흥고가가 있다.

호이안 올드타운
어떻게 즐겨볼까?

풍흥고가(나꺼 풍흥, Nhà cổ Phùng Hưng)

1780년 중국 무역상인 풍흥이 지은 집으로 향·향신료·종이·소금·실크·계피·유리를 판매하던 상점이었다. 베트남 전통양식에 중국풍과 일본풍의 건축양식이 결합된 2층 목조가옥이다. 1층에서는 실크제품 전시장과 다양한 수공예 기념품을 팔고 있고, 2층에는 수호신과 조상들의 위패를 모시는 사당이 있다. 1층의 천장, 즉 2층 바닥의 사각형 구멍은 홍수가 빈번할 때 1층의 물건을 2층으로 옮기기 위해 만든 것이라고 한다. 현재 풍흥고가에는 8대손들이 생활하고 있다.

주소: 4 Nguyễn Thị Minh Khai, Cẩm Phô, Tp. Hội An, Quảng Nam **입장시간:** 08:00~12:00, 13:30~17:30 **입장료:** 통합입장권

내원교(라이 비엔 끼에우, Lai Viễn Kiều)

일본인과 중국인 거주지를 연결하기 위해 일본인이 세운 다리로, 나무로 만든 지붕이 특징이다. 처음에는 '일본인의 다리'라고 부르다가 1719년 다리 중간에 작은 사당이 만들어지면서 '멀리서 온 사람들을 맞이한다.'라는 뜻의 '내원교'라고 부른다. 일본인 거주지로 향하는 곳에는 일본 원숭이상이, 중국인 거주지로 향하는 곳에는 개상이 세워져 있는데, 다리 공사가 시작된 해가 원숭이 해, 다리 공사가 마무리된 해가 개의 해여서 세워졌다는 설이 있다. 다리를 건너는 것은 무료지만 다리 중간에 위치한 까우 사원(항해의 안전을 기원하기 위해 세운 사원)에 방문할 때는 통합입장권이 필요하다. 호이안의 상징인 내원교는 사진촬영 장소로 유명하며 늘 관광객으로 인산인해를 이룬다. 특히 밤에는 호이안 최고의 야경 장면을 연출한다.

동영상

호이안의 상징
'내원교'

입장시간: 24시간 **입장료:** 무료, 까우 사원 입장시 통합입장권 필요

광동회관(꽝동 호이 꽌 Quảng Đông Hội Quán)

1885년 중국 광동지역의 무역상인이 세운 곳으로 지금도 매년 1월 광동인이 제사를 지내는 등 향우회관으로 이용되고 있다. 입구 왼쪽에는 유비가 아들과 탄 수레를 관우가 호위하는 모습이, 오른쪽에는 유비·관우·장비가 도원에서 의형제를 맺는 모습의 그림이 있다. 중앙의 용 조각 왼쪽 벽면에는 2002년 방문한 장쩌민 주석의 친필 사인이 액자로 걸려 있다. 안쪽에는 제사를 지내는 제단이 설치되어 있으며 제단 중앙에는 관우상, 좌에는 흰말과 천후성모(바다의 신)상, 우에는 적토마와 재백성군(재물을 담당하는 신)상이 모셔져 있다. 광동인이 타고 다닌 배 모형이 전시되어 있으며, 회관 뒤쪽 정원 벽면에는 유비·관우·장비가 제갈공명을 3번 찾아간 삼고초려를 부조로 만들어놓았다.

주소: 176 Trần Phú, Minh An **입장시간:** 08:00~12:00, 13:30~17:30 **입료료:** 통합입장권

떤끼고가(나꺼 떤끼, Nhà cổ Tấn Ký)

200년 전 무역업을 하던 중국인 떤끼라는 상인이 거주하던 집으로 중국·일본·베트남 건축양식이 혼합되어 있다. 내부에는 고가구가 장식되어 있고, 조상을 모신 사당도 갖추고 있다. 1층 내부 벽에 날짜가 기입된 노란 표시가 있는데, 이는 우기시 강의 범람으로 집 안에 물이 찼던 높이와 일시를 기록한 흔적이다. 현재 기념품을 파는 상점으로 꾸며져 있으며, 떤끼의 후손들이 살고 있다.

주소: 101 Nguyễn Thái Học, Minh An **입장시간:** 08:00~12:00, 13:30~17:30 **입장료:** 통합입장권

복건회관(푹끼엔 호이 꽌, Phúc Kiến Hội Quán)

1757년 호이안에 거주하던 복건성 출신 상인들이 화교들의 집회소로 건립했다가 바다의 여신인 티엔허우를 모시는 사원으로 바꾸었다. 지금도 음력 2월 16일 제사를 지내고 있다. 3개의 문을 통과하는 구조로 중앙홀에는 티엔허우상이 있다. 내부 벽면에는 티엔허우가 가라앉는 배를 구하는 모습이 그려져 있다. 복건회관은 호이안 회관 중 최대 규모로, 중국 배 모형을 비롯해 각종 벽화와 조각상·정원 등의 볼거리가 풍부하며, 특히 천장에 매달린 고깔 모양의 향초가 인상적이다.

바다의 여신을 모시는 곳
'복건회관'

주소: 46 Trần Phú, Hội An **입장시간:** 08:00~12:00, 13:30~17:30 **입장료:** 통합입장권

호이안 박물관(바오땅 릭수반호아 호이안, Bảo tàng Lịch sử văn hóa Hội An)

4층 건물인 호이안 박물관의 입구에는 17~18세기에 제작된 것으로 추정되는 철포가 있고, 내부로 들어가면 화려했던 참파 왕조(2~15세기) 문화를 볼 수 있다. 또한 무역항으로 번성하던 시절에 사용했던 종·토기그릇·각종 도자기·철제 농기구·중국 서한에서 제작된 동전·관우 청동상 등 400여 점의 고고학 유물이 있다. 쉼터가 마련된 4층에 올라가면 호이안 전체 풍경을 감상할 수 있다.

동영상
호이안의 역사를 간직한 곳
'호이안 박물관'

주소: 10B Trần Hưng Đạo, Sơn Phong, Tp. Hội An, Quảng Nam **입장시간:** 07:30~12:00, 13:30~18:00 **입장료:** 통합입장권

호이안 재래시장(쯔 호이안, Chợ Hội An)

호이안 재래시장은 1848년 만들어졌다. 시장 입구에는 우물이 있고, 우물 오른쪽에는 베트남 현지인이 부의 상징으로 여기는 관우사당이 있다. 앞쪽에 관우사당, 뒤쪽에 투본강이 자리하는 호이안 재래시장은 최고의 명당자리로 선점되었다고 한다. 시장에는 민물고기와 고등어·참치·오징어·갈치 등의 해산물, 유기농 채소, 열대과일, 육류까지 다양한 먹을거리를 판매한다. 입구 쪽에 위치한 간이식당에서 알찬 가격에 베트남 현지식을 즐길 수 있다.

주소: Trần Quý Cáp, Minh An, Tp. Hội An, Quảng Nam **오픈시간**: 06:00~20:00

모닝글로리(Morning Glory)

2006년에 오픈한 모닝글로리는 호이안 여행자들의 정거장과도 같은 구시가지 맛집이다. 음식에 대한 청결을 자랑하며 호이안 3대 음식인 까오 러우·화이트 로즈·프라이드 완탄을 즐길 수 있다. 다른 로컬 음식점보다 가격은 비싸지만 2층에서 바라보는 뷰가 멋지다.

주소: 106 Nguyễn Thái Học, Minh An **영업시간:** 08:00~23:00 **홈페이지:** msvy-tastevietnam.com

Tip 1

탐탐카페(Tam Tam Cafe)

베트남식 연유 커피인 '쓰어다'를 마시고 싶다면 모닝글로리 옆에 위치한 탐탐카페를 들러보자. 에어컨 시설이 없다는 것이 조금 아쉽지만 커피맛은 최고다.

Tip 2

카지미어즈(1944~1997, Kazimierz Kwiatkowsky) 흉상

 폴란드 태생으로 베트남 문화유산 보존에 공헌했으며, 특히 미선 유적의 보존에 힘을 쏟았다. 카지미어즈 공헌으로 미선 유적은 유네스코 세계문화유산에 등재되었다.

낮보다 밤이 더 아름다운 도시,
호이안
Hội An

베트남 중부에는 낮보다 밤이 더 아름다운 곳이 있다. 바로 호이안이다. 하나둘 조명이 켜지면 도시 전체가 노란색으로 탈바꿈하고 몽환적 분위기를 연출한다. 상점에는 향을 피워 제를 올리고 복을 기원하며 종이돈을 태운다. 거리에는 씨클로를 타며 영화 속 주인공처럼 여유롭게 거리를 누비는 사람들도 있고, 휘황찬란한 등불을 벗 삼아 추억을 담고자 플래시를 터트리는 사람들도 있다. 투본강으로 눈을 돌리면 종이등불을 흘려보내며 소원을 빌기도 한다. 카페에 들러 커피 한 잔으로 호젓한 분위기를 즐기기도 하고, 상점에 들러 호이안만의 느낌이 있는 수공예품과 쌀에 이니셜을 새긴 독특한 목걸이를 만들어보는 것은 호이안의 야경을 보면서 즐길 수 있는 덤이다. 야식이 생각나고 형형색색의 연등 불빛을 즐기고 싶다면 야시장을 찾아보

자. 베트남 특징이 듬뿍 담긴 대표 길거리 음식과 조명을 밝힌 등불로 입과 눈이 즐 거워진다. 어둠이 짙어질수록 더 고즈넉하고 낭만적인 호이안은 매일 밤 축제를 여 는 듯 눈이 부신다. 다낭 여행의 백미인 호이안 야경을 절대 놓치지 말자.

Tip

다낭 관광시 시간이 허락된다면 호이안에서 1박을 하는 것도 더 운치 있는 호이안 관광을 즐기는 방법이다. 호이안에서 1박 을 한다면 야경을 더 편하게 감상할 수 있고, 카페나 바에서의 맥주 한 잔으로 더 호젓하게 호이안을 즐길 수 있다.

동영상 다낭 여행의 백미 '호이안 야경'

✏ 느낌 한마디

걷는 것만으로도 고즈넉한 곳이 있다. 호이안은 그냥 걸으며 고개를 돌리는 것만으로도 마음이 풍 요롭고 평화로워지는 곳이다. 곳곳에 자리한 노란색의 고풍스런 건물을 보는 것만으로도 마치 타 임머신을 타고 역사의 도시 한 편에 도착한 듯하다. 카메라도 같이 바빠진다. 곳곳이 풍경화고 수 채화다. 해가 지고나면 호이안은 더 멋스런 도시로 탈바꿈한다. 하나 둘 불을 밝힌 조명과 건물이 어우러져 감탄과 탄성을 자아내는 호이안은 다낭 여행의 최고 관광코스였다. 호이안 여행으로 다 낭 여행의 풍미를 더한다.

호이안 야경
어떻게 즐겨볼까?

투본강 목선투어

호이안의 매력을 제대로 느끼려면 목선을 타고 투본 강을 둘러보는 것은 필수다. 투본강 목선투어를 하면 조명과 등을 밝힌 호이안 야경을 더 아름답게 즐길 수 있고, 배 중간에서 종이등불을 띄우며 소원을 빌 수도 있다.

씨클로 타고 호이안 즐기기

고풍적인 호이안 도시를 가장 멋스럽게 다닐 수 있는 교통수단은 자전거를 개조한 씨클로다. 씨클로를 타고 편안하고 여유롭게 호이안을 즐겨보자. 다만 씨클로는 타기 전에 반드시 흥정을 해야 한다.

동영상
호이안을 흐르는 강
'투본강'

동영상
자전거의 변신
'씨클로'

목선투어: 10분에 10만 동 **종이등불:** 1만 동

씨클로 이용료: 10분에 10만 동

호이안 야시장

현지인들이 직접 손으로 만든 수공예품·생활용품·장신구 등을 판매한다. 지인들을 위한 선물용 구입지로 좋다. 정찰표시가 없기 때문에 에누리는 필수다. 여기에 더해 길거리 빙수·아이스크림·과일 주스·열대과일 망고 등도 즐겨보자.

오픈시간: 18:00~22:00

호이안 KEM ỐNG 아이스크림 먹기

베트남어로 'KEM'은 아이스크림, 'ỐNG'은 파이프(관)라는 뜻으로 기다란 관모양의 아이스크림을 말한다. 베트남 거리를 다니다보면 어디서든지 볼 수 있으며, 커피·딸기·초코·망고 등 다양한 맛이 있다.

가격: 1만 동

호이안을 대표하는 가정식 맛집,
미스 리 카페
Miss LY Cafe

미스 리는 호이안 관광에서 놓칠 수 없는 레스토랑이다. 1993년 오픈한 미스 리는 베트남 부인과 서양인 남편이 함께 운영하는 가족 레스토랑으로, 미스 리의 남편이 홀을 담당하고 미스 리는 주방에서 종업원과 함께 음식을 만든다고 한다. 주방 내부가 오픈되어 요리하는 미스 리의 모습을 직접 볼 수 있다. 가정요리 스타일을 고집하는 미스 리 카페에서는 바나나 잎으로 감싼 생선요리, 특선요리인 까오 러우(cao lầu), 화이트 로즈(banh bao vac), 프라이드 완탄(Fried Wonton)이 가장 인기요리다. 식당은 유명세에 걸맞게 예약이 필수이며 항상 여행자들로 가득하다. 호이안의 맛집 미스 리에서 호이안만의 정통음식을 즐겨보자.

이용 안내

◆ **주소:** 22 Nguyen Hue St., Hoi An ◆ **이메일:** lycafe22@yahoo.com ◆ **영업시간:** 09:00~21:00 ◆ **가격:** 화이트 로즈 반 바오박 6만 동, 까오 러우 5만 5천 동, 프라이드 완탄 10만 동

Tip

미스 리 카페는 야외 테이블도 있다. 호이안 올드타운의 멋진 모습을 보며 이국적인 여행을 즐기고 싶다면 야외 테이블에 앉아 베트남 맥주 한 잔과 식사를 즐기는 것도 방법이다.

 베트남 가정식 맛집
'미스 리 카페'

✎ 느낌 한마디

미스 리는 이미 예약석 푯말이 가득했다. 호이안의 다른 모든 식당이 그렇지만 미스 리도 분위기로 식사를 즐길 수 있는 최고 식당이었다. 주방에서는 주문된 음식을 만드느라 정신이 없다. 호이안 전통음식을 주문해본다. 화이트 로즈는 마치 젤리를 먹는 것처럼 부드럽고 달콤했다. 고명으로 돼지고기, 숙주, 야채가 올려진 까오 러우는 비벼 먹는 국수로 고기의 담백함과 숙주와 야채의 아삭함이 곁들여진 새로운 맛이었다. 음식 맛은 깔끔하고 좋았지만 대식가들에게는 양이 부족한 것이 흠이라면 흠이다.

분짜 맛이 일품인 초록색 레스토랑,

포슈아

Phố Xưa

호이안의 모든 도시가 노란색이라면 포슈아 레스토랑은 초록색이다. 식당 내부는 작지만 깔끔하고, 벽면이 온통 초록색으로 눈을 편안하게 해준다. 베트남 쌀국수로 유명한 곳이며, 특히 북부 하노이 지방의 대표 음식으로 쌀국수에 숯불 돼지고기 완자와 채소를 넣어서 먹는 음식인 분짜는 포슈아의 특별 메뉴다. 돼지고기 완자는 느억맘(멸치를 발효시킨 베트남 소스) 소스에 찍어 먹기도 한다. 분짜 이외에도 스프링 롤 튀김, 고기가 듬뿍 들어간 소고기 쌀국수(Pho Bo)도 추천 메뉴다. 호이안 여행중 베트남 전통 쌀국수를 먹고 싶다면 포슈아를 찾아보자. 포슈아는 무료 와이파이를 제공하며, 호이안 식당 중 음식값이 가장 저렴한 곳이다. 포슈아를 찾는 것만으로도 가장 행복한 호이안 여행이 될 것이다.

이용 안내

◆ **주소:** 35 Phan Chau Trinh, Hoi An ◆ **홈페이지:** Phoxuarestaurant.net ◆ **영업시간:** 11:00~22:00 ◆ **가격:** 화이트 로즈 반 바오박 3만5천 동, 분짜 4만 동, 프라이드 완탄 3만 5천 동

Tip

메뉴판에서 'BO'로 끝나는 것은 소고기, 'GA'로 끝나는 것은 닭고기, 'NEM'으로 끝나는 것은 스프링 롤 튀김을 말한다.

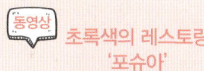 초록색의 레스토랑
'포슈아'

🖋 느낌 한마디

식당 규모는 작지만 깨끗했다. 이미 독일에서 온 대가족 10여 명이 식사를 즐기고 있었다. 일단 메뉴판을 보고 음식가격에 놀랐다. 관광지인 호이안 대부분 식당의 절반 정도의 알찬 가격이었다. 음식 맛은 어떨까? 하노이에서 자주 접했던 분짜를 주문해본다. 숯불향이 가득한 분짜 맛이 일품이었다. 완자는 부드럽고 쫄깃했다. 음식 맛이 가격에 비례할 거라는 우려는 한순간에 달아났다. 추가로 호이안 전통음식인 프라이드 완탄을 주문한다. 완톤은 튀김과자처럼 바삭했고, 케첩의 신맛과 새우의 담백함이 절묘하게 조화를 이루었다. 알찬 가격에 더욱 기분 좋게 음식을 먹었다.

한국식 부침개인 반쎄오로 유명한 맛집,
발레웰
Bale well

발레웰은 한국식 부침개인 반쎄오(Bánh xèo)로 유명한 집이다. 반쎄오는 쌀가루에
고기·새우·숙주·각종 야채 등을 넣고 반죽해 구워내는 것으로 맥주 안주로도 그만
이다. 발레웰은 세트메뉴밖에 없기 때문에 음료만 주문하면 된다. 세트메뉴에는 스
프링 롤 튀김(Ram Cuon, 짜조, 돼지고기 꼬치(Thit Nuong), 숙주와 새우가 들어가 바삭
하게 구워진 반쎄오, 한국식으로 만든 겉절이·야채·땅콩이 들어간 고소한 양념장,
라이스페이퍼가 나온다. 처음 방문한 손님들을 위해 음식이 나오면 직원이 시범으
로 싸주기 때문에 먹는 데 어려워할 필요가 없다. 라이스페이퍼는 한국처럼 뜨거운
물에 담근 후 먹는 것이 아니라 마른 상태에서 싸서 먹는데 무척 쫄깃하다. 후식으
로는 망고나 초코맛 푸딩이 나온다.

이용 안내

◆**주소:** 27 Phan Châu Trinh, Minh An, Tp. Hội An, Quảng Nam ◆**영업시간:** 10:00~21:00 ◆**가격:** 세트메뉴 1인 12만 동

Tip

식당에서 20여m 떨어진 곳에는 참파 왕국 시절에 만들어져 지금도 사용하고 있는 우물이 있다. 1천 년의 역사를 간직한 우물도 구경해보자.

반쎄오 맛집
'발레웰'

✏ 느낌 한마디

골목 안쪽 구석에 위치해 있음에도 불구하고 유명세에 걸맞게 이미 식당에는 사람들로 가득했다. 한쪽 코너에서는 한국 분식집 튀김 코너처럼 연신 반쎄오를 튀기고 넴느엉을 굽고 있다. '저 많은 음식들이 다 팔릴까?' 하는 의구심이 들 정도의 양이었다. 가족 단위로 찾은 현지인도, 여행객으로 보이는 스페인 사람과 영국 사람도 음식을 먹으라 손이 바쁘다. 반쎄오가 나오자 직원이 달려온다. 숙주와 새우가 가득한 반쎄오를 펼쳐 넴느엉·야채·소스를 넣고 라이스페이퍼에 월남쌈처럼 돌돌 말아서 건넨다. 소스에 찍어 먹으니 그 맛이 일품이다. 라이스페이퍼의 쫄깃함, 반쎄오의 바삭함, 야채의 아삭함이 어우러진 독특한 맛이었고, 무엇보다 이 집의 특제소스의 달콤함이 최고였다. 베트남 전통음식이 궁금하다면 꼭 발레웰을 찾아보자.

호이안 최고의 샌드위치를 맛볼 수 있는 곳,

반미 프엉

Bánh mì Phượng

프랑스 식민 지배의 영향으로 베트남 음식 문화에는 프랑스 문화가 남아 있다. 반미 (Bánh mì)는 쌀로 만든 바게트 빵에 숯불에 구운 고기와 야채를 넣어 만든 베트남식 샌드위치다. 바게트 빵은 쌀로 만들어 다른 지역의 빵보다 훨씬 맛이 좋다. 올드타운 초입에 위치한 반미 프엉은 항상 여행자와 현지인들로 가득하다. 인테리어가 멋진 한국의 빵집들과는 달리 작고 허름하지만 맛만큼은 최고를 자랑한다. 메뉴 선택이 고민이라면 모든 재료가 혼합해서 들어간 3번 메뉴 반미 텁껌(Bánh mì thập cẩm) 이면 충분하다. 호이안 최고의 샌드위치를 맛볼 수 있는 반미 프엉에 방문해 프랑스식 바게트 맛에 취해보자.

　호이안 방문시 안방비치를 방문할 여행자라면 반미 프엉에서 간식을 준비하는 것

도 한 방법이다. 슈퍼의 간식보다 한끼 식사로도 든든한 반미 프엉의 간식과 함께
안방비치를 더 알차게 즐겨보자.

이용 안내

◆ **주소:** 2B Phan Châu Trinh, tp. Hoi An ◆ **영업시간:** 06:30~21:30 ◆ **가격:** 반미 2만 동

Tip

호이안 반미 3대 맛집
호이안에는 반미로 유명한 집이 3곳이 잇다. 여기에서 소개한
반미 프엉을 비롯해 피반미, 마담칸이다. 반미 프엉에서 반미를
먹지 못했다면 피반미나 마담칸에 들러보자.

 샌드위치 빵집
'반미 프엉'

✎ 느낌 한마디

반미 프엉 근처에 도달하면 특별히 빵집을 찾는 데 두리번거릴 필요가 없다. 길가에 길게 늘어선
줄이 반미 프엉임을 말해준다. 다른 빵집의 반미보다 더 알찬 가격인 것도 맘에 들지만 무엇보다
다양한 메뉴와 함께 꽉 차 있는 고기가 마음에 든다. 빵을 건네받고 다른 여행자들처럼 길거리에
걸터앉아 한입 베어본다. 숯불향이 가득한 고기는 질기지도 퍽퍽하지도 않았고, 바게트 빵은 바삭
하고 부드러웠다. 이 정도의 가격에 이렇게 풍부한 맛을 즐길 수 있다는 것은 분명 호이안 여행의
행복이다.

호이안 올드타운의 최고 찻집,

리칭 아웃 티 하우스

Reaching Out Teahouse

호이안 올드타운의 고즈넉한 분위기와 가장 잘 어울리는 찻집으로 2000년에 오픈
했다. 리칭 아웃 티 하우스는 트립어드바이저에서 소개된 호이안 1위 레스토랑이기
도 하다. 우롱차·자스민차·녹차·허브차 등 다양한 차와 커피, 쿠키 종류를 판매한
다. 바쁜 여행에서 향기로운 차 한 잔과 고요함을 즐기며 쉬어갈 수 있는 최적의 장
소다. 특히 새소리를 들으며 마음을 정화하고 싶다면 뒤뜰에 마련된 야외석으로 이
동해보자. 마치 고궁 속 자연을 즐기는 듯한 기분이 들 것이다. 여행중 시끄러운 소
음에 많이 시달렸다면 호이안에서 마음이 정화되는 고요한 리칭 아웃 티 하우스를
찾아 침묵의 아름다움을 즐겨보자.

◆ **위치:** 득안 고가 바로 옆 ◆ **주소:** 131 Trần Phú, Sơn Phong, tp. Hoi An ◆ **영업시간:** 09:00~21:30 ◆ **가격:** 차 세트메뉴 11만 동 ◆ **홈페이지:** reachingoutvietnam.com

> **Tip**
>
> 리칭 아웃 티 하우스는 장애인들의 자립을 돕는 수공예품 공방에서 운영하는 찻집으로, 직원들도 모두 청 각장애를 가지고 있다. 주문을 할 때는 주문용지에 체크를 하면 되고, 추가 요청사항이 있으면 테이블에 놓인 단어 큐브로 하면 된다.

> ✎ **느낌 한마디**
>
> 베트남 여행에서 가장 흔하게 접할 수 있는 것이 차 문화다. 길거리를 둘러보면 목욕탕의자에 앉 아 담배와 함께 어디서나 차를 즐기는 현지인들을 쉽게 볼 수 있다. 이런 익숙한 문화에 더해 호 이안에서 가장 고즈넉하게 차를 즐길 수 있는 곳이 있다. 호이안 거리의 바쁜 발걸음과 차단된 리 칭 아웃 티 하우스다. 처음 자리를 앉으면 너무 조용한 분위기에 불편함이 가득하지만 금방 침묵 의 자유에 익숙해지고 오래지 않아 마음까지 평화로워진다. 물론 평화로움에 곁들여진 차는 가슴 까지 따뜻하게 한다. 호이안 여행의 바쁜 일상을 차분히 돌아보며 특별한 공간 리칭 아웃 티 하우 스를 찾아보자. 몸도 마음도 편안해질 것이다.

맛과 분위기를 함께 즐기는 아름다운 식당,

카고 클럽
The Cargo Club

모닝글로리 레스토랑과 같은 계열사로 호이안 최고의 유럽 스타일 레스토랑이자 카페다. 카고 클럽은 5성급 호텔의 이탈리안 레스토랑에서 근무한 요리사가 주방을 맡고 있다. 1층은 아이스크림·차·커피·생과자 등을 판매하는 카페로, 2층은 레스토랑으로 운영되고 있다. 2층 레스토랑의 인기 메뉴는 담백한 맛의 화이트 로즈와 해산물 철판 볶음인 그릴드 시푸드(grilled seafood)다. 다만 가격은 베트남 물가에 비하면 비싼 편으로 한국에서 먹는 음식값과 거의 비슷한 수준이다. 투본강을 바라볼 수 있는 테라스는 인기 좌석이라 언제나 만석이다. 노란색 외관의 모습이 호이안 올드타운과 절묘한 조화를 이루며 몽환적 분위기를 연출한다. 가장 아름다운 공간 카고 클럽에 들러 호이안 여행의 활력을 찾아보자.

이용 안내

◆**주소:** 107－109 Nguyen Thai Hoc St., Hoi An ◆**홈페이지:** msvy-tastevietnam.com/cargo-club ◆**영업시간:** 08:00～23:00 ◆**가격:** 화이트 로즈 7만 5천 동, 프라이드 완탄 8만 5천 동, 세이크 4만 7천 동

🖊 느낌 한마디

카고 클럽 앞 거리는 유명세에 걸맞게 항상 관광객들로 붐빈다. 해가 질 무렵 카고 클럽에서 맥주 한 잔과 함께 즐기는 호이안 야경 모습도 일품이다. 다른 서양식 음식도 있지만 호이안을 찾았으 니 호이안 전통음식으로 주문한다. 화이트 로즈는 하얀색 물만두 같았다. 너무 부드러워 입에서 살살 녹았고 프라이드 완탄은 소스와 적당히 어우러져 최고의 맛을 자아냈다. 특히 완톤 속에 새 우의 담백함이 좋았다. 무엇보다 카고 클럽의 음식은 맛에 더해 등불 속 조명으로 배가된다. 카고 클럽에 앉는 것만으로도 이미 여행자들은 영화 속 주인공이 된다. 가장 아름다운 식당 카고 클럽 을 놓치지 말자.

너무나 조용하고 이국적인 비치,
안방비치 Bãi biển An Bàng

호이안 올드타운 동쪽 8km에 위치한 안방비치는 2011년 CNN 관광 정보사이트에
세계 최고 50위 비치에 선정되었다. 끄어다이비치보다 바닷물이 더 맑고 깨끗해 호
이안을 찾는 여행자들 사이에 가장 각광받는 장소다. 호이안 여행객은 대부분 자전
거나 오토바이를 이용해 안방비치로 이동한다. 안방비치로 이동하는 길은 베트남의
시골을 오롯이 담을 수 있는 가장 한적하고 아름다운 길이다. 호이안에서 하루를 보
내는 여행자라면 오전에는 호이안 올드타운을, 오후 3시부터는 안방비치에서 2시
간 정도의 여유로운 시간을, 저녁에는 호이안 올드타운에서 야경을 즐기는 일정을
추천한다. 오후 4시가 넘어가면 안방비치 모래사장에는 노점 식당들이 오픈하는데
가격도 저렴하고 맛도 좋아 여행자들 사이에 인기가 좋다.

이용 안내

◆ **주소**: Hai Bà Trưng, Cẩm An, tp. Hoi An, Quảng Nam ◆ **주차장**: 오토바이 또는 자전거 이용시 유료

Tip

해변에는 레스토랑과 바가 즐비해 있으며, 레스토랑이나 바를 이용하면 방갈로·선베드·타월을 자유롭게 이용할 수 있고, 음료를 주문하면 백사장 파라솔을 무료로 이용할 수 있다.

이국적인 비치
'안방비치'

✏️ **느낌 한마디**

자전거를 렌트한다. 올드타운을 벗어나니 베트남의 가장 고즈넉한 시골의 모습이 한눈에 들어온다. 논에서 모를 심는 사람, 먹이를 찾아 어슬렁거리는 물소들로 그림 같은 수채화가 펼쳐진다. 길 위의 모든 여행자들은 안방비치를 향하고 있다. 앞서 페달을 밟는 여행자는 이미 수영복 차림이다. 시골의 풍경과 사람을 감상하다 보니 어느새 안방비치에 도착했다. 해변을 따라 선베드가 깔려 있었고 그곳에서 많은 사람들이 오후의 한가로움을 즐기고 있었다. 맥주 한 잔으로 망중한을 즐기기도 하고, 책을 읽기도 하고, 오침도 즐긴다. 안방비치에는 여유로움과 편안함이 있었다. 모래를 만져본다. 곱다. 불어오는 시원한 바닷바람이 무더위를 식혀준다. 안방비치는 가장 아름다운 무릉도원이었다.

안방비치

어떻게 가야 할까?

▶ 자전거 또는 오토바이로 이동하는 방법

① 올드타운 광동회관에서 출발한다.

② 광동회관 오른쪽 골목으로 직진한다.

③ 왼편 미니마트를 지날 때까지 직진한다.

④ 논길을 지나 직진한다.

⑤ 다리를 지난다.

6 직진하면 안방비치 입구다. 안방비치 안에서는 자전거로 이동할 수 없기 때문에 유료 주차장에 주차한 후 이동한다.

Tip

입구부터 주차를 하라는 호객행위를 한다. 바가지를 쓸 수 있으니 호객행위는 무시하고 제일 안쪽까지 이동하자. 물 한 병(만 동)을 사면 주차를 할 수 있는 주차장이 있다.

▶ 택시로 이동하는 방법

올드타운에서 택시로 이동시 비용은 10만 동 정도다.

안방비치

어떻게 즐겨볼까?

파라솔에서 망중한 즐기기

해변 레스토랑이나 바를 이용하면 방갈로·선베드·타월을 자유롭게 이용할 수 있고, 음료를 주문하면 백사장 파라솔을 무료로 이용할 수 있다. 간단한 음료 한 잔으로 선베드에 누워 비치의 한적함을 즐겨보자.

베트남식 고기잡이배 '까이뭄'

까이뭄은 '퉁버이'라고도 부르는데 대나무를 엮어 만든 둥그런 바구니 배다. 큰 배는 해안 가까이에 댈 수 없기 때문에 큰 배에서 내려진 물건이나 물고기를 해안으로 운반할 때 사용하거나, 수면이 얕은 곳에서 고기를 잡을 때 사용한다. 배에는 3~4명이 탈 수 있는 의자가 있다. 약간의 비용만 지불하면 타볼 수 있다.

안방비치 빌리지 레스토랑
(Anbang Beach Village Restaurant)

가족경영 레스토랑이다. 갓 잡은 신선한 해산물로 요리를 하고, 쿠킹클래스도 운영하고 있다. 메뉴로는 해산물 세트 꼬치구이, 가리비 구이, 파파야 샐러드, 바나나 잎에 구워진 생선 등이 있다. 해산물과 파파야 샐러드는 어디서도 먹을 수 없는 이곳의 추천메뉴다.

위치: 안방비치 입구 P&B 레스토랑 간판에서 왼쪽으로 200여m 이동

샤워 시설

안방비치에는 수영을 즐긴 방문객들을 위해 바닷물의 짠 기운 정도는 벗을 수 있는 샤워시설이 마련되어 있다. 탈의실도 겸하고 있으니 마음 편히 해수욕을 즐겨보자.

세계문화유산, 미선 유적(Mỹ Sơn)

베트남어로 '아름다운 산'이라는 뜻의 미선은 4세기 바드라바만(Bhadravaman) 왕조 때 최초 목조 사당을 건설하면서 역사가 시작되었다. 그러나 6세기에 화재로 사당이 완전히 전소되었고, 7세기 삼부바맨(Sambhuvarman)이 벽돌로 다시 건설을 시작해 13세기까지 70개 사원이 세워졌다. 미선은 힌두교 시바신을 위한 종교적 성지이자 옛 참파왕국의 수도로, 지리적 조건에 의해 전략적 요충지로서의 역할을 수행했다.

중남부를 지배하며 가장 강력한 왕국이었던 참파왕국은 1190~1220년 크메르족에게 점령당하면서 쇠퇴하기 시작해 결국 1485년 베트남에 흡수되었다. 높은 산으로 둘러싸여 온전히 보전되어 왔던 미선은 베트남 남북 전쟁중 베트콩의 은신처로 사용되다가 1969년 미국의 융단폭격에 의해서 완전히 파괴되어졌다. 현재 70여 곳 중에 20여 곳만 남아 있다. 미선 유적지는 발굴 작업을 하면서 인위적으로 A~H구역으로 나누었는데, B, C, D구역만이 온전한 모습을 간직하고 있다. 2015년에 복구된 G구역은 옛스러운 모습보다는 인위적 모습이 강하다.

미선 유적은 힌두교 건축이 동남아시아에 유입되면서 문화적 교류가 있었다는 것과 참파 왕국이 동남아시아의 중요한 강국이었음을 보여준다. 미선에는 8개의 사원이 있는데, 오랜 시간(7~13세기) 건설되면서 다양한 건축양식이 혼재해 있다. 구운 벽돌로 지어진 탑 사원은 모타(회반죽) 없이 끼워 맞추기식으로 세운 것이며 외부 부조는 힌두 신화를 조각한 것이다. 복원 과정에서 모타를 사용한 곳은 습한 기후 탓에 현재 이끼가 끼어 있고, 원형대로 보존된 곳은 이끼가 끼어 있지 않다. 8개의 각 사원은 우주의 중심이자 신성한 산을 의미하는 주 탑(kalan)을 중심으로 인간세계를 상징하는 사각형 모양의 부속건물이 있는 동일한 구조다. 파괴되어 안타까움이 있지만 건축이나 조각된 부조를 자세히 보면 인도에서 직접 전해진 양식들의 아름다움이 고스란히 보인다. 1999년 세계문화유산으로 지정되었고 힌두교 시바신을 모셨던 종교적 성지였던 미선 유적지를 찾아보자.

가는 방법: 여행사를 통한 일일투어 신청

일일투어 코스: ① 오전 8시 출발 오후 1시 귀환의 미선 유적지 관광 코스: 15만 동
② 오전 8시 출발 오후 3시 귀환의 미선 유적지 관광 + 투본강 보트 투어 코스: 20만 동

위치: 호이안 올드타운에서 35km 지점

입장시간: 06:30~17:00

미선 유적지 입장료: 성인 15만 동(단, 16세 이하 무료)

홈페이지: www.mysonsanctuary.com.vn

참파 왕국

1천 년 전 베트남은 3개의 왕국이 지배했다. 지금의 하노이를 중심으로 한 북부지역의 베트남. 다낭과 남부 지역의 참파 왕국, 메콩강 일대의 크메르제국이었다. 그 중 참파 왕국은 인도네시아계 참족이 세웠던 나라다. 베트남이 유교와 불교를 숭상한 데 반해 참파 왕국은 힌두교의 영향을 받았다. 서기 192년 중부지역에 조그만 땅에서 시작된 참파 왕국은 4~14세기 말 중남부를 지배했고, 앙코르와트도 점령하며 점차 강대해졌다. 하지만 1485년 베트남 비엣족으로 인해 수도가 함락되면서 소수의 민족으로 전락하고 만다. 참족은 힌두교 사원을 세우면서 크리슈나(Krishna)와 비슈누(Vishnu), 특히 시바(Shiva) 같은 힌두교 신들을 숭상했다.

안방비치

셋째 날,
베트남의 대표적인 역사·문화도시,
후에

Da Nang

셋째 날의 여정은 베트남의 대표적인 역사·문화도시 후에다. 베트남은 오랜 역사를 간직한 나라인데, 다낭에서 약 3시간 정도 떨어진 거리에 베트남의 마지막 왕조가 숨쉬고 있는 후에가 있다. 베트남 최초로 세계문화유산에 등재된 2천m가 넘는 길이를 가진 후에 왕궁과 베트남 중남부를 지켰던 왕조의 왕릉을 구경한다. 작지만 의미 있는 도시인 후에에서 베트남 마지막 왕조의 역사를 돌아보자.

셋째 날 일정 한눈에 보기

| 후에 왕궁 | ▶ | 왕릉 |

궁정박물관

열시당

좌무

연수궁

우무

태화전

홍묘

세묘

흥애왕궁
매표소

현임각

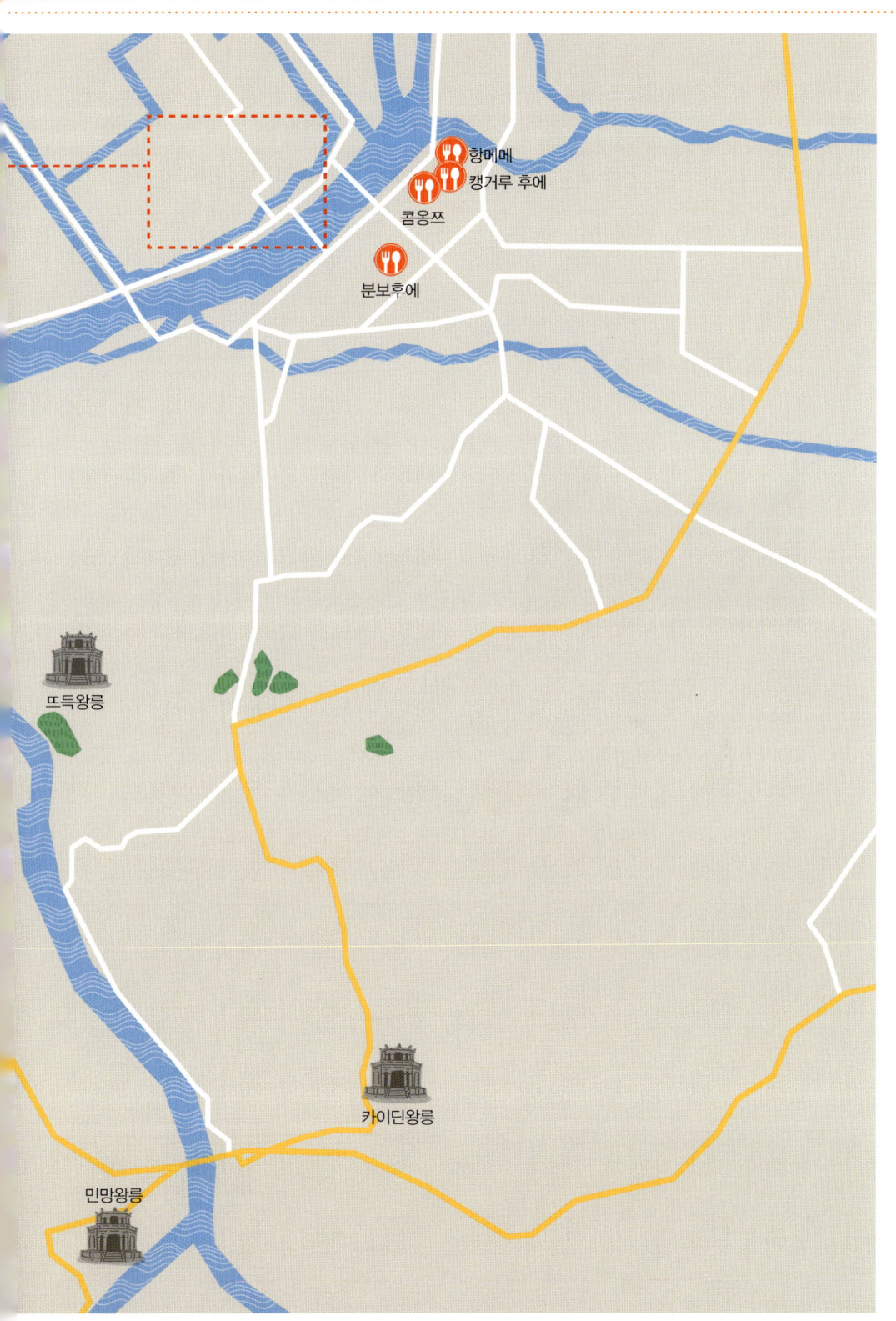

항메메

캥거루 후에

콤옹쯔

분보후에

뜨득왕릉

카이딘왕릉

민망왕릉

후에를 알차게 즐기려면
꼭 알아야 할 것들

1. 베트남의 역사가 숨쉬는 후에

베트남 중부에 위치한 도시인 후에는 베트남의 대표적인 역사·문화도시로 베트남 마지막 왕조인 응우옌 왕조(Nguyen Dynasty, 1802~1945)의 수도였다. 베트남 왕조들은 오랫동안 중국문화를 적극적으로 수용했고, 17세기 이후에는 프랑스문화를 받아들이며 독특한 문화를 만들었다. 하지만 베트남전쟁 당시 건축물 상당수가 파괴되는 등 큰 수난을 겪었고, 1975년 사회주의 혁명 이후에는 봉건왕조의 문화로 취급받으면서 방치되었다. 그러다 1993년 베트남 최초로 후에의 유적 중 16건이 세계문화유산에 등재되고, 2003년 11월 7일 후에 궁중음악이 세계무형문화유산에 등록되면서 그동안 방치되어온 유적들의 복구작업이 본격적으로 시작되었다. 현재도 복구작업은 계속 진행중이다. 현재 후에는 후에 왕궁을 비롯해 흐엉강(Huong River)·티엔무 사원(Thien Mu Pagoda)·민망왕릉(Minh Mang) 등의 명소가 있으며, 후에를 방문하는 여행자들의 대부분은 왕궁과 왕릉 등 응우옌 왕조의 문화를 돌아본다. 후에에서의 역사·문화 관광으로 베트남 역사를 온전히 느껴보자.

Tip

후에는 크게 구시가지와 신시가지로 나눌 수 있다. 구시가지에는 후에 왕궁 같은 세계문화유산이 산재해 있고, 일명 '여행자 거리'라고 불리는 신시가지는 숙박업소와 상점, 레스토랑 등이 밀집되어 있다.

 동영상

역사·문화도시
'후에'

2. 다낭에서 후에로 가기

다낭에서 출발해 당일치기로 후에를 다녀오고자 한다면, 기차나 신카페버스·슬리핑버스로 이동한 후 왕궁과 3기의 왕릉 등을 둘러보며 자유여행을 즐긴 다음 당일 저녁 기차를 타고 다낭으로 돌아오는 방법이 가장 유용하다. 다만 다낭에서 후에로 출발하기 전에 돌아오는 저녁 기차를 예매하는 것이 필수다.

신투어(오픈)버스로 이동하는 방법

신투어여행사가 운영하는 일종의 고속버스로, 출발일·시간·정차장소를 정확하게 지정하지 않고 오픈해두기 때문에 '오픈버스'라고도 한다. 로컬버스보다 시설이 좋고 목적지까지 빠르게 이동할 수 있다. 다낭 신투어여행사 또는 홈페이지에서 표를 구매할 수 있으며, 신투어여행사 앞에서 탑승하면 된다. 다낭에서 후에까지 3시간~3시간 30분 정도 소요되며, 1일 2회 운행된다. 다만 계절에 따라 출발시간이 변동되기 때문에 예매시 반드시 확인해야 한다.

◆ **비용(1인 기준)**: 평일 9만 9천 동, 주말 11만 9천 동 ◆ **다낭~후에 출발시간**: 09:15, 14:30 ◆ **후에~다낭 출발시간**: 08:00, 13:15

기차로 이동하는 방법

기차로 이동하면 아름다운 경치를 구경할 수 있지만 낙후된 시설의 기차를 이용해야 한다는 불편함을 감수해야 한다. 기차는 의자(hard 또는 soft)와 침대(4인용 또는 6인용) 칸으로 구분되는데, 출발시간에 따라 이용 가능한 좌석이 다를 수 있다. 기차표는 다낭 여행사나 베트남 철도청 홈페이지를 통해 구매하거나 다낭 기차역을 직접 방문해 구매하면 된다. 다낭에서 후에까지 3시간 정도 소요되며, 1일 4~5회 운행하고 있다. 다만 계절에 따라 출발시간이 변동될 수 있다.

◆ **비용**: 에어컨이 있는 부드러운 의자 31만 8천 동, 4인용 침대칸 47만 7천 동. 다만 일반석은 가격이 저렴하지만 좌석이 불편하다는 단점이 있음. ◆ **다낭~후에 출발시간**: 03:02, 12:46, 14:13, 22:59 ◆ **후에~다낭 출발시간**: 08:56, 09:50, 10:35, 19:55, 22:50 ◆ **철도청 홈페이지**: vietnam-railway.com ◆ **다낭역 주소**: 202 Haiphong St.

터미널에서 미니밴으로 이동하는 방법

다낭 터미널에서 미니밴을 타고 후에로 이동할 수도 있다. 비용은 6만 동 정도이며, 후에까지 3시간 정도가 소요된다.

택시로 이동하는 방법

택시는 비용이 비싸지만 후에로 이동하는 방법 중 가장 편한 방법이다. 후에까지 이동하는 비용은 택시비 약 200만 동에 통행료(1만 5천 동)가 포함된다.

여행사 투어를 이용하는 방법

다낭의 한국 여행사나 베트남 여행사를 이용해 가이드가 동반된 투어를 이용할 수도 있다. 식사·가이드·차량·입장료 등을 포함해 1인당 약 $90에 이용 가능하다.

다낭 보물창고: cafe.naver.com/grownman

> **Tip**
>
> **다낭과 후에를 연결하는 최고의 드라이브 코스, '하이반 패스'**
> 베트남에서 가장 높고 긴 고갯길인 하이반 고개는 '구름과 바람'이라는 의미를 가지고 있다. 세계적인 여행매거진 〈내셔널 지오그래픽 트래블러〉에서 선정한 여행중 꼭 가봐야 할 50곳에 포함되면서 드라이브 코스로 각광받고 있다. 하이반 고개를 달리면 아름다운 다낭 해변을 볼 수 있다. 다낭에서 택시로 이동할 경우 택시기사에게, 여행사 투어로 이동할 경우 가이드에게 요청하면 된다.

3. 후에 교통

택시

일행이 3명 이상이라면 기차역이나 터미널, 후에 주변 이동시 미터기가 있는 택시를 이용하는 것이 편리하다. 베트남에서 가장 큰 택시회사인 비나선(흰색), 마일린(녹색), 티엔사(노란색) 택시를 이용하는 것이 좋다. 미터기에서는 점(.) 뒤에 3자리가 생략되어 나오기 때문에 가격은 점 뒤로 '0'을 붙여 3자리로 만들어야 한다. 예를 들어 미터기에 '470.0'로 표시되었다면 47만 동이며, '47.9'로 표시되었다면 4만 7,900동이라고 생각하면 된다.

쎄쿰옴(오토바이 택시) 또는 씨클로

쎄쿰옴은 '오토바이 택시'를 말하며 줄여서 '쎄옴'이라고 한다. 씨클로는 자전거를 개조해 앞쪽에 좌석을 만든 교통수단으로 천천히 시내를 돌아볼 때 편리하다. 다만 씨클로 탑승시 짐은 둘러메지 말고 앞으로 끌어안고 타는 것이 안전하다.

오토바이 또는 자전거

후에 구석구석을 둘러볼 여행자들은 오토바이나 자전거를 빌려보자. 여행자거리에서 쉽게 오토바이나 자전거 빌리는 곳을 찾을 수 있다. 오토바이 하루 렌트비는 15만~20만 동 정도이며, 자전거는 5만 동 정도이다.

보트투어

보트투어를 통해 후에의 흐엉강을 내려가면서 주요 왕릉을 구경할 수 있다. 다만 보트투어는 이용시간이 정해져 있기 때문에 보트투어를 이용하면 후에의 왕궁과 왕릉을 모두 관람하기에는 시간이 촉박하다는 단점이 있다. 또한 왕릉 입장료는 보트투어와 별도다.

◆ **이용시간:** 08:00~16:00

반일투어 또는 전일투어

후에 왕릉까지는 택시 또는 오토바이·자전거 렌트로 이동할 수 있는데 이러한 교통이 불편하다면 투어상품을 이용하는 것도 한 방법이다. 투어상품은 신투어리스트, 만다린카페 또는 호텔 리셉션에서 신청 가능하다. 전일투어는 후에 왕궁·티엔무 사원·3기의 왕릉까지 효율적으로 관람할 수 있는 프로그램이지만 왕궁 관람시간으로 1시간밖에 주어지지 않는다. 왕궁에 관심이 많은 여행자들은 3기의 왕릉만 둘러볼 수 있는 반일투어를 신청하는 것이 좋다.

◆ **신투어리스트 주소:** 12 Hung Vuong St.(1호점), 60 Nguyen Tri Phuong St.(2호점) ◆ **만다린카페 주소:** 24 Trần Cao Vân, Phú Nhuận, tp. Huế

4. 후에 마사지

까멜리아 마사지(Camellia Massage)

체리쉬 후에 호텔 내에 위치한 마사지숍으로 5명의 마사지사가 있으며 평이하다는 평가를 받는다. 호텔 투숙객들로 예약이 차는 경우가 많으므로 사전 예약이 필수다.

◆ **이메일:** info@spacherish.com ◆ **홈페이지:** www.spacherish.com
◆ **주소:** 57 Ben Nghe Str. ◆ **영업시간:** 10:00~22:00 ◆ 가격: 36만 1천 동(60분)

5. 후에 숙소

후에의 호텔들은 흐엉강 남쪽 강변에 집중되어 있다. 후에를 방문하는 여행객들의 가장 큰 목적이 유적지를 관광하는 것인 만큼 흐엉강변이나 구도심 또는 여행자거리에 숙소를 정하는 것이 좋다.

4~5성급 고급 호텔($70 이상)

▶ 필그리미지 빌리지(Pilgrimage Village)

신시가지 도심에서 남서쪽으로 약 7km 정도 떨어진 곳에 위치하지만, 호텔에서 하루 5차례 시내까지 운행하는 셔틀버스를 운영하고 있다. 객실은 5개 타입으로 구성되어 있으며, 자연친화적 호텔로 숲이 울창하다.

◆ **홈페이지:** www.pilgrimagevillage.com

▶임페리얼 호텔(Imperial Hotel)

객실은 클래식한 스타일이며, 투숙객 만족도가 높은 5성급 호텔이다. 고층에서 머무르면 멋진 도심 야경도 볼 수 있다.

◆홈페이지: www.imperial-hotel.com.vn

▶인도차이나 팰리스 호텔(Indochine Palace Hotel)

왕궁 가까이에 위치해 있으며, 바로 옆에 후에 빅시마트가 있다. 가격 대비 최고의 서비스를 자랑한다.

◆홈페이지: www.indochinepalace.com

▶호텔 사이공 모린(Hotel Saigon Morin)

짱띠엔교 맞은편에 위치하며 여행자거리와도 가깝다. 위치나 호텔의 청결도, 호화로운 객실 인테리어로 여행자들에게 인기가 많다.

◆홈페이지: www.morinhotel.com.vn

▶무엉탄 호텔(Muong Thanh Hotel)

도심과 가까운 거리에 위치하며, 수영장·가든·온천탕 등 여행자들을 위한 최고의 시설을 갖추고 있다. 또한 여행자거리와도 가깝다.

◆홈페이지: www.muongthanh.com

▶체리쉬 호텔(Cherish Hotel)

2008년에 지어진 호텔로, 원래는 '까멜리아 호텔'이었는데 '체리쉬 호텔'로 이름을 바꿨다고 한다. 후에 시내 근처에 위치하고 있으며, 시설과 서비스면에서 여행자들의 만족도가 높은 호텔이다.

◆홈페이지: cherishhotel.com

2~3성급 중급 호텔 또는 호스텔

▶빈민 선라이즈(Binh Minh Sunrise)

시내 중심지에 있어 위치가 좋고, 무엇보다 가격 대비 훌륭한 직원들의 서비스와 깨끗한 시설이 장점인 호텔이다.

◆ 홈페이지: www.binhminhhue.com

▶센트리 리버사이드 호텔(Century Riverside Hue Hotel)

비즈니스 목적의 여행객과 레저 목적의 여행객 모두에게 유명한 곳이다. 시내 중심에서 약 500m 떨어져 있으며 최고 수준의 객실과 편의시설을 제공한다.

◆ 이메일: res@centuryriversidehue.com   ◆ 홈페이지: www.centuryriversidehue.com

▶로사린 부띠끄 호텔(Rosaleen Boutique Hotel)

가격 대비 최고의 호텔로 후에 시내에 위치하고 있으며, 객실은 깨끗하고 직원들의 친절도는 최고다. 뉴스타 호텔을 새로 리모델링한 것이다.

◆ 이메일: info@newstarhuehotel.com   ◆ 홈페이지: www.newstarhuehotel.com

▶피닉스 호텔(Phoenix Hotel)

가격에 비해 호텔이 깨끗하며, 위치나 직원들의 친절도 또한 최고다. 다만 3층 건물이지만 엘리베이터가 없다는 점이 단점이다.

◆ 이메일: phoenixhotel@angvnn.vn   ◆ 홈페이지: www.phoenixhotel.vn

▶누푸 호텔(Nhu Phu Hotel)

호텔 내에 엘리베이터가 없지만 후에 구시가지를 도보로 이동할 수 있다. 또한 호텔의 시설이나 직원들의 친절도는 가격 대비 최고다.

◆ 이메일: sales@nhuphuhotel.com ◆ 홈페이지: www.nhuphuhotel.com

▶럭키 홈스테이(Lucky Homestay)

최고의 홈스테이로 가격 대비 깨끗한 객실을 자랑하는 만큼 배낭여행자들에게 가장 인기 있는 곳이다. 여행자 거리까지 도보로 10분 정도 소요된다.

◆ 이메일: LuckyHomestay46@gmail.com

베트남의 자랑스러운 세계문화유산,

후에 왕궁

호앙 탄 후에, Hoàng Thành Huế

1993년 베트남 최초로 세계문화유산에 등록된 후에 왕궁은 응우옌 왕조 (1802~1945년)의 요새이자 궁전으로 황제의 측근들만 접근할 수 있는 황제 가족 의 생활공간이었다. 궁전은 가로세로 각각 2,235m, 높이 5m의 외성과 흐엉강에서 끌어온 물로 성벽을 둘러싼 해자, 궁을 둘러싼 황성, 중국의 자금성을 본떠 만든 왕 의 거주공간인 자금성으로 구성되어 있다. 자금성은 3층으로 이루어졌고, 내부에는 황제의 공식 접견 장소이자 다양한 행사가 진행된 태화전, 왕의 위패가 모셔진 현임 각, 왕의 어머니인 황태후가 생활했던 연수궁, 사원들이 있다. 중국과 프랑스의 건 축양식이 혼합된 후에 왕궁은 1968년 베트남전쟁 당시 베트남군과 미군의 폭격으 로 대부분 소실되었다. 현재 남아 있는 왕궁은 베트남전쟁 후 복원한 것이며, 지금

도 계속해서 복원작업이 진행되고 있다. 왕궁 관광시 시간이 부족하거나 몸이 불편한 여행자는 가이드가 동반된 전동차를 이용할 수도 있다. 베트남 최고의 관광지 중 하나인 후에 왕궁을 둘러보며 베트남 마지막 왕조의 영광을 확인하고, 전쟁의 상흔도 어루만져보자.

이용 안내

◆**주소:** 23 Tong Duy Tan St, Huecity, Vietnam. ◆**오픈시간:** 06:30~17:30(하절기), 07:00~17:00(동절기) ◆**입장료:** 왕궁+궁정박물관 15만 동, 통합입장권(4곳) 36만 동, 통합입장권(3곳) 28만 동, 전동차(1시간) 30만 동 ◆**홈페이지:** www.hueworldheritage.org.vn

---

Tip

통합입장권

통합입장권으로는 왕궁, 카이딘왕릉, 민망왕릉 등 3곳 입장권과 이 3곳에 뜨득왕릉까지 둘러볼 수 있는 4곳 입장권이 있다. 왕궁 매표소에서 사면 된다.

동영상 세계문화유산
'후에 왕궁'

성벽의 길이가 끝이 없다. 후에 왕궁은 왕조의 생활공간으로는 어마어마한 규모였다. 아오자이를 입은 학생들이 깃발탑을 배경으로 줄지어 서 있다. 빨간색 베트남 국기와 자줏빛 아오자이가 어우러져 눈이 부셨다. 태화전 연못에는 어른 팔뚝보다 더 큰 잉어가 춤을 춘다. 태화전 입구로 발길을 옮겨본다. 경복궁 근정전 앞처럼 품계석이 도열되어 있었다. 풍계 중 제일 높은 정1품 품계석 앞에는 향이 타오르고 있었다. 누군가 출세나 성공·시험을 기원하며 피운 것이다. 궁전 같은 태화전을 뒤로하고 자금성으로 이동한다. 베트남 전쟁 때 폭격으로 파괴된 것이 안타까울 따름이다. 터의 규모만으로도 웅장한 위용을 가늠할 수 있다. 아쉬움이 가득하다. 내 아쉬움을 아는지 모르는지 아오자이를 입은 학생들의 얼굴에는 웃음이 가시질 않는다. 왕궁은 보수공사중이고 잡초가 무성했지만 둘러보는 내내 응우옌 왕조의 강건함을 엿볼 수 있었다. 어둠이 빠르게 내렸다. 걸어나오는 내내 잡념이 든다. 적들이 왕궁에 들어오기도 힘들었겠지만 들어온다고 해도 어디에 황제가 있는지 쉽게 찾을 수 없었을 것 같았다. 후에 왕궁은 그렇게 엄청난 규모를 자랑하고 있었다.

후에 왕궁

어떻게 가야 할까?

▶ **여행자거리에서 도보로 이동하는 방법**

① 센트리 리버사이드 호텔을 정면으로 본 상태에서 왼쪽으로 이동한다.

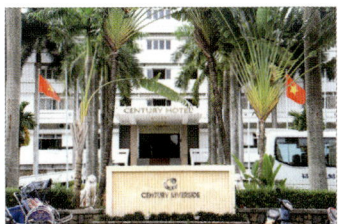

② 직진 후 사이공 호텔을 보고 우회전한다.

③ 짱띠엔 다리를 건넌 후 좌회전해 계속 직진한다.

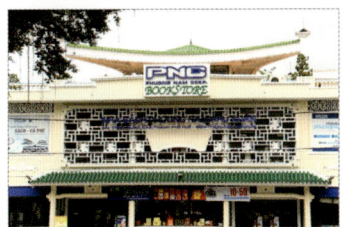

④ ACB 건물을 지나 조금만 더 가면 오른쪽에 깃발 탑이 보인다. 여행자거리에서 약 25분 소요된다.

▶ **택시로 이동하는 방법**

여행자거리에서 출발하면 4만 동 정도로 이동이 가능하다.

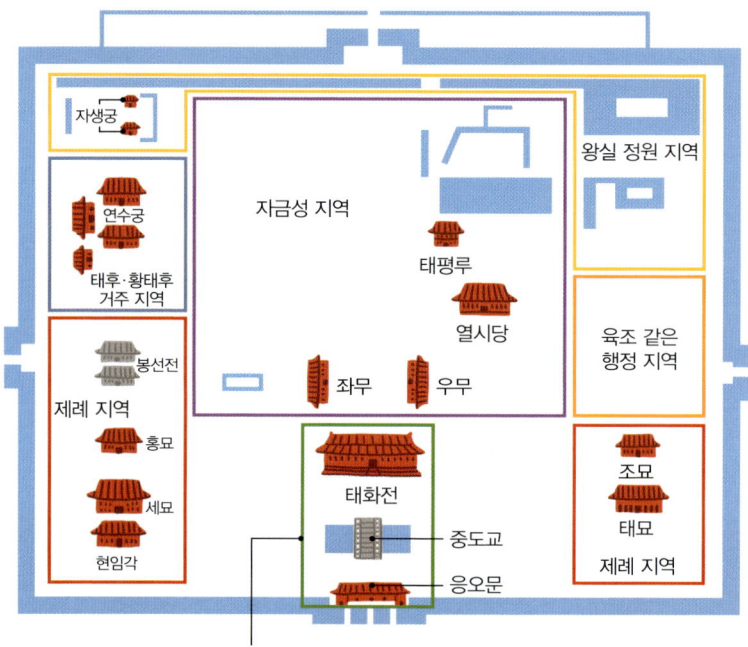

자생궁

왕실 정원 지역

연수궁

태후·황태후
거주 지역

자금성 지역

태평루

열시당

육조 같은
행정 지역

봉선전

제례 지역

홍묘

좌무   우무

세묘

조묘

현임각

태묘

태화전

제례 지역

중도교

응오문

황실 주요 의례 행사 지역

후에 왕궁
어떻게 즐겨볼까?

1. 황실의 주요 의례 행사 지역

깃발탑(꼿꺼, cot co)

해자를 건너면 입구에 예인문이 있고 그 왼쪽에 깃발탑이 있다. 깃발탑은 1807년 지아롱황제 때 세워졌지만 전쟁으로 파괴된 후 1969년 다시 복원되었다. 깃발탑에 휘날리는 베트남 국기가 인상적이다.

거대한 포(꾸비탄콩, Cửu vị thần công)

예인문을 지나면 지아롱황제 때 만든 길이 5m, 무게 10t의 거대한 대포들이 있다. 9문의 포 중 오른쪽의 4문은 사계절을, 왼쪽의 5문은 오행사상을 나타낸다.

동영상
후에 왕궁의 망루
'깃발탑'

오문(응오문, Ngo Môn)

깃발탑에서 성곽의 중앙으로 이동하면 궁의 남문인 오문이 나타난다. 정오 때 태양이 문 앞에 떠 있어 '정오의 문'이라고도 한다. 중앙에 3개, 양쪽 누각 아래에 2개, 총 5개의 문이 있다. 중앙문은 황제, 양쪽 문은 관료, 양쪽 누각 아래의 문은 병사나 코끼리·말 등이 드나들었다고 한다. 오문 위 오봉루는 황제의 주요 행사나 의식을 거행했던 누대다.

태화전(디엔타이호아, Điện Thái Hòa)

중국의 자금성을 모방한 태화전은 황제의 공식 접견 장소이자 여러 행사가 진행되었던 곳이다. 태화전 마당은 문무백관 조례를 거행했던 장소로 품계석이 일렬로 세워져 있으며, 태화전 곳곳에는 용모양이 새겨져 있다. 태화전 내부에는 황제의 용상이 있고, 서쪽에는 태화전에 대한 비디오 영상 시청이 가능하며, 동쪽에는 황제가 사용했던 옥쇄, 황제와 고관들의 사진 등이 있다. 태화전 내부 사진 촬영은 금지되어 있다.

동영상
황제의 공식 접견 장소 '태화전'

2. 자금성(뜨껌탄, Tử Cấm Thành) 지역

좌무(터부, Tả Vu)와 우무(후부, Hữu Vu)

좌무·우무 앞에는 1,500kg의 큰 청동대야가 놓여 있다. 청동대야는 왕실의 안위를 위해 만들었다고 한다. 좌무에는 왕실이 사용했던 악기, 자신의 안위를 위해 나라를 배신했던 카이딘황제의 사진, 황실에서 거행된 행사사진 등이 있다. 우무는 과거 무관의 집무실이었지만 지금은 왕실 옷을 입고 체험할 수 있는 체험관이자 휴게실로 사용되고 있다.

열시당(나핫 주옛티즈엉, nhà hát Duyệt Thị Đường)

왕의 전용극장으로 사용되었으며 현재는 관광객을 위해 매일 10시와 15시, 총 2회 공연이 열린다. 관람료는 20만 동 정도다. 공연이 없는 날에도 공연장 내부와 외부는 관람할 수 있다. 열시당 내부 왼쪽에는 궁중 제례의식에 사용되었던 옷과 악기가, 오른쪽에는 가면이 전시되어 있다.

태평루(타이빈러우, Thái Bình Lâu)

왕실의 서재이자 도서관으로 사용되었던 곳으로, 티에우찌황제 때 건설되었다. 자금성 지역은 베트남전쟁으로 인해 많이 파괴되어 현재 복구된 상태이거나 복구중에 있는데, 태평루는 자금성에서 유일하게 옛 형태를 온전하게 갖추고 있다. 태평루 앞에는 거대한 연못이 있다. 이 연못은 중국의 정원을 모티브로 만든 인공 연못이라고 한다.

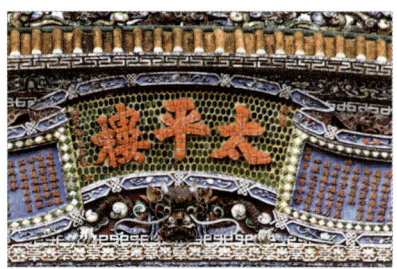

3. 황태후 거주 지역

연수궁(꽁지엔토, Cung Diên Thọ)

1804년 1대 지아롱황제가 자신의 어머니를 위해 지은 곳으로 응우옌 왕조의 태후들이 기거했다. 태화전과 생김새가 비슷하며, 내부에는 10개의 목조건물이 있다. 대표적으로 입구 왼쪽 틴민건물에는 황제 가족과 태후들의 사진이 전시되어 있고, 입구 정면 디엔토건물은 태후의 알현 장소로 사용된 가장 중요한 공간이었다. 또한 거실 세트와 사진, 태후가 사용했던 높이 1m 36cm, 길이 2m 30cm의 인력거, 그리고 16명이 운반했던 1인승 가마 등도 응접실 세트와 같이 진열되어 있다. 뒤쪽 푹토건물은 음력 15일에 종교적 기념을 위해 사용했던 공간이다. 연수궁 후원에는 연못과 정자도 있다.

장생궁(꿍쯔엉산, Cung Trường Sanh)

응우옌 왕조의 전성기를 이룬 2대 황제인 민망황제가 어머니의 장수를 기원하기 위해 지은 곳으로 달 모양으로 만든 연못과 함께 아름답게 조성되었다.

4. 제례 지역

흥묘(흥또미에우, Hưng Tổ Miếu)

지아롱황제 부모의 위패를 모신 곳이다.

세묘(떼또미에우, Thế Tổ Miếu)

응우옌 황제들의 위패를 모신 곳으로 제일 중앙에 있는 1대 황제인 지아롱황제와 황후의 위패를 기준으로 좌우로 다음 왕들의 위패가 안치되어 있다. 동쪽에는 생전에 사용했던 물건들과 사진이 전시되어 있다. 내부에는 사진 촬영이 금지되어 있다.

동영상

위폐를 모신 곳 '세묘'

Tip

독우문(篤祐門) 입구로 들어가면 현임각을 볼 수 있고, 묘문(廟門) 입구로 들어가면 세묘·흥묘를 만날 수 있다. 현임각 정면 청동화로가 있는 쪽이 세묘이며, 현임각 뒤편이 흥묘다.

현임각(히엔럼깍, Hiển Lâm Các)

현임각은 13m 높이의 3층 건물이다. 현임각은 후에 구시가지에서 가장 높은 건물인데 그 이유는 이보다 더 높은 건물의 건축을 금지했기 때문이다. 현임각 앞에는 역대 황제들을 상징하는 청동화로 9개 놓여 있다. 응우옌 왕조의 번영을 위해 2대 황제인 민망황제 때부터 제작된 것으로 세묘에 모신 응우옌 왕조의 황제들을 나타낸 것이다. 가운데 제일 큰 청동화로가 1대 황제인 지아롱황제를 상징한다. 청동화로에는 해·달·별·산·동물 등의 다양한 문양이 새겨져 있다.

동영상

13m의 높은 건물
'현임각'

5. 외곽 지역

궁정 박물관(바오땅코밧꿍딘후에, Bảo tàng Cổ vật Cung đình Huế)

응우옌 왕조의 유물들을 전시해놓은 박물관으로 궁정에서 쓰던 주전자·도자기 꽃병·티 세트·식기 세트·청동 물건·식탁·침대·바오다이황제의 옷·신발 등의 유물, 그리고 프랑스와 영국에서 보내온 유리병·세라믹 도기 세트 등의 선물을 전시해놓았다. 정원에는 칠제·석제 조각과 전시품들이 놓여 있다. 입장시간은 7시부터 17시까지이며 월요일은 휴무다. 내부 사진 촬영은 금지되어 있다.

동영상
응우옌 왕조의 박물관
'궁정 박물관'

후에서 즐기는 과거로의 역사여행,
왕릉 여행

16세기 베트남 전역은 극심한 혼란기였으며 당시 베트남 중남부 지방에 있던 응우엔 가문은 프랑스의 지원을 받아 정권을 잡고 후에 지방을 중심으로 응우엔 왕조를 세웠다. 2대인 민망황제 대에 전성기를 맞이하기도 했지만 9대인 동카인황제가 프랑스의 꼭두각시 노릇을 하고 12대 카이딘황제는 프랑스와 결탁해 베트남을 배신하는 등 프랑스의 그늘에서 벗어나지 못했다. 결국 13대 바오다이황제를 끝으로 약 150여 년간의 응우엔 왕조는 막을 내렸다. 대표적인 후에 왕릉은 뜨득왕릉·카이딘왕릉·민망왕릉 등이 있으며, 중국과 프랑스의 건축양식이 혼합되어 화려한 것이 특징이다. 후에 여행의 필수코스인 후에 왕릉에서 응우엔 왕조의 역사를 돌아보자.

이용 안내

◆ **오픈시간:** 07:00~18:00(하절기), 07:00~17:00(동절기)　◆ **입장료:** 각 왕릉 입장시 성인 10만 동

동영상
민망황제의 무덤
'민망왕릉'

동영상
뜨득황제의 무덤
'뜨득왕릉'

동영상
카이딘황제의 무덤
'카이딘왕릉'

Tip 1

응우옌 왕조의 대표적인 황제와 재위 기간
1대 지아롱황제(1802~1819) → 2대 민망황제(1820~1840) → 4대 뜨득황제(1848~1883) → 10대 타인타인황제
(1889~1907) → 12대 카이딘황제(1916~1925) → 13대 바오다이황제(1926~1945)

Tip 2

후에 반일투어
후에를 둘러보는 방법 중 가장 저렴하고 빠른 방법은 시티투어 상품을 이용하는 것이다. 일일투어는 후에
왕궁, 후에 왕릉 3곳이 포함된 상품이며, 반일투어는 왕릉 3곳만 둘러보는 코스다. 일일투어의 단점은 후
에 왕궁 투어시 수박 겉핥기 식으로 빠르게 이동한다는 것이다. 여행사의 반일투어를 신청해 왕릉 3곳을
둘러보고, 후에 왕궁은 개별적으로 둘러보는 것을 추천한다.
반일투어 코스: 민망왕릉 → 카이딘왕릉 → 무술쇼(비용 추가) → 쇼핑 → 뜨득왕릉
투어 비용: 18만 동(가이드·차량·픽드롭 서비스 포함, 왕릉 입장료·중식 미포함)
반일투어 신청 장소: 신투어리스트, 만다린카페 및 시내 여행사, 호텔리셉션

알찬 관광을 위해 반일투어를 신청했다. 45인승 버스는 이미 만석이었다. 경주 왕릉처럼 간단한 분묘 정도로 생각했지만 상상 이상의 규모와 화려함에 놀랐다. 입구에 서 있는 석상들, 역대 황제의 치덕이 새겨진 공덕비, 인공적으로 파놓은 연못까지 이 모든 것이 황제의 위엄을 나타냈다. 엄청난 규모에 카메라를 만지는 여행자들의 손이 바쁠 정도였다. 민망왕릉은 자연친화적으로 잘 정리되어 있었고, 카이딘왕릉은 유리 모자이크로 촘촘히 만든 벽화의 화려함에 눈이 부실 정도였다. 왕조의 후손들은 선조들의 사후 세계를 찬란하게 꾸며놓음으로써 죽어서도 그들의 권위를 유지시켰다. 후에 왕릉 투어는 여행자들에게 깊은 추억을 안겨줄 것이다.

왕릉
어떻게 즐겨볼까?

1. 민망왕릉(랑 민망, Lăng Minh Mạng)

응우옌 왕조의 전성기를 이끈 2대 민망황제(1791~1840)의 왕릉은 후에 왕릉 중 가장 아름다운 건축미를 자랑한다. 민망 황제는 재위 당시 중국문화를 선호했는데, 왕릉에는 중국 건축양식이 고스란히 남겨져 있다. 민망황제 생전에 왕릉을 설계했으며 3대 황제인 티에우찌황제가 재위하던 1843년에 완공되었다.

동영상

후에 왕릉의 백미
'민망왕릉'

민망왕릉 안마당

좌홍문(左紅門)을 통해 들어가면 민망왕릉의 안마당이 나온다. 칼을 들고 있는 문무대관·말·코끼리 석상들이 왕릉 입구를 지키고 있다.

민망황제의 공덕비와 대홍문

티에우찌황제가 세운 민망황제의 공덕비가 정자 안에 있다. 정자에서 안마당을 내려다보면 정면에 대홍문(大紅門)이 있다. 대홍문은 민망황제의 관이 들어올 때 열린 후 지금까지 한 번도 열리지 않았다고 한다.

숭은전

공덕비 뒷마당에 있는 현덕문(顯德門)을 지나면 숭은전(崇恩殿)이다. 숭은전은 민망황제와 황후를 기리기 위한 곳으로 위패가 모셔져 있다.

인공연못

명루정을 지나면 작은 정원과 초승달 모양의 연못이 나온다. 나쁜 귀신이 건너지 못하도록 인공으로 연못을 만들었다고 한다.

명루정

연못에는 3개의 다리가 있고, 이 다리를 건너면 황제의 휴식처인 명루정이 있다. 3개의 다리 중 가운데 다리는 황제만이 건널 수 있었다고 한다.

민망황제의 무덤

연못을 지나면 민망황제의 무덤이 있지만 수풀에 가려져 실제로는 보이지 않는다. 무덤은 왕의 제례식 때만 열고, 평상시에는 닫혀 있다.

2. 카이딘왕릉(랑 카이딘, Lăng Khải Định)

응우옌 왕조의 12대 황제인 카이딘황제(1885~1925)는 프랑스 식민통치를 옹호하며 베트남을 배신한 황제로, 베트남인 사이에서 가장 미움을 받는 황제다. 카이딘왕릉은 응우옌 왕조의 마지막 능으로, 카이딘황제의 재위기간인 1920년에 공사를 시작해 1931년에 완공되었다. 왕릉은 베트남과 유럽의 건축양식이 혼합되어 있으며 콘크리트와 석재가 함께 사용된 것이 특징이다. 카이딘왕릉은 현지인들이 가장 적게 찾는 곳이지만 반대로 여행자들이 가장 많이 찾는 곳이기도 하다.

삼관문(三關門)과 계단의 난간
계단의 난간은 용모양으로 조각되어 있고, 콘크리트로 만든 삼관문이 있다.

왕릉을 지키는 석상
왕릉을 지키는 문무대관·코끼리·말 등의 석상이 줄지어 서 있다.

비정(碑亭)

8각형의 비정에는 응우옌 왕조의 13대 황제인 바오다이황제가 카이딘황제를 위해 세운 공덕비가 있다. 비정 양쪽으로는 '오벨리스크(obelisk)'라고 불리는 높다란 첨탑이 있다.

천정궁(天定宮)

카이딘황제의 사신을 안치한 천정궁이다. 가운데 홀인 계성전(啓聖殿)에는 실제 카이딘황제의 크기로 만든 등신상이 있다. 카이딘황제의 유골은 등신상 아래 지하에 있다. 주변 벽면의 기둥에는 중국에서 수입된 도자기가 있다. 계성전 왼쪽 전시실에는 카이딘황제의 집무사진과 가족사진이 있고, 내실에는 식탁·찻잔 등의 유물이 전시되어 있다.

Tip

천정궁 관람시 천장의 9마리 용과 구름, 그리고 벽면의 유리 모자이크로 장식한 꽃과 벽화도 놓치지 말자.

3. 뜨득왕릉(랑 뜨득, Lăng Tự Đức)

응우옌 왕조의 4대 황제인 뜨득황제(1829~1883)의 왕릉으로 뜨득황제의 재위기간인 1867년에 완공되었다. 민망왕릉과 함께 후에에서 가장 규모가 큰 능이다. 능을 건설할 당시 수천 명의 노동력과 많은 비용이 투입되어 백성들의 원성이 잦았고, 결국 반란까지 일어났다고 한다. 완공 후 뜨득황제는 오랜 시간 이곳에 머무르면서 산책·낚시 등을 즐겼다고 전해진다.

동영상

뜨득황제가 잠든 곳
'뜨득왕릉'

르우끼엠(Hồ Lưu Khiêm) 호수

뜨득황제가 낚시를 즐긴 르우끼엠 호수다. 뜨득황제는 중앙의 작은 섬 띤끼엠(Đảo tịnh khiêm)에서는 사냥을 즐겼고, 호수 왼쪽에 위치한 정자 쑹끼엠(Xung Khiêm Tạ, 愈謙榭)에서는 차를 마시며 시를 짓고 휴식을 즐겼다.

안마당

뜨득왕릉의 안마당에도 왕릉을 지키는 문무대관·코끼리·말 등 다양한 석상이 있다. 다른 왕릉에 비해서 석상의 크기가 작은 이유는 뜨득황제가 153cm의 단신이었기 때문이다. 정면의 비정(碑亭)에는 뜨득황제가 직접 작성한 비문을 새긴 무게 20t의 공덕비가 있다. 비정 좌우에는 오벨리스크가 있다.

석곽묘

능묘문을 통과하면 영벽이 있고, 영벽 뒤로 돌아가면 뜨득황제의 석곽묘가 있다. 하지만 석곽묘에는 뜨득황제의 시신이 없다. 도굴을 우려해서 다른 지역에 묻혔다고 하는데 정확히 어디에 묻혔는지 아무도 알지 못한다고 한다. 비밀유지를 위해 왕릉을 만들었던 인부들이 모두 참수당했기 때문이다.

화끼엠 사당

르우끼엠 호수로 내려오면 호수 맞은편에 화끼엠 사당이 있다. 사당에는 뜨득황제가 사용했던 가마·의자 등의 물품과 외국으로부터 받은 선물 등이 보관되어 있다. 황금색 지붕의 화겸전(和謙殿)에 뜨득황제의 위패가 있다.

뜨득황제의 위패를 모신 곳
'화끼엠 사당'

Tip

반일투어로 왕릉 관광시 각 왕릉마다 머무는 시간이 짧고, 현지 가이드도 간단한 설명만 하고 빠르게 이동한다. 따라서 관광 전에 각 왕릉에 대해 숙지하고 참여하면 더 알찬 관광을 즐길 수 있을 것이다. 왕릉 여행 출발 전에 생수도 꼭 준비하자.

현지인들의 사랑을 받는 베트남 음식 전문점,

콤옹쯔

Com Ông Chủ

후에는 크게 구시가지와 신시가지로 나뉘며, '여행자거리'라고 불리는 신시가지에는 호텔과 상점뿐 아니라 다양한 레스토랑도 밀집해 있다. 여행자거리에 있는 분위기 좋은 레스토랑에서 식사를 하는 것도 좋지만 후에로 여행을 온 만큼 베트남 음식을 전문적으로 하는 콤옹쯔에서 한 끼를 해결해보는 것도 좋은 추억이 될 것이다.

　현지인들이 가장 많이 찾는 콤옹쯔 식당에서는 조식·중식·석식까지 즐길 수 있다. 식당의 주메뉴로는 마늘과 굴소스로만 볶아낸 모닝글로리 볶음, 후에 지방의 전통 음식인 분보후에, 불맛을 제대로 느낄 수 있는 볶음밥 등이 있으며, 이외에도 다양한 메뉴가 준비되어 있다. 진한 육수의 베트남 전통 쌀국수도 일품이며, 튀긴 닭고기를 주문해 함께 나오는 야채와 하얀 밥을 같이 먹는 것도 추천한다.

이용 안내

◆ **주소:** 01 Vo Thi Sau–TR, HUE ◆ **영업시간:** 06:00~22:00 ◆ **가격:** 닭고기 13만 동, 분보후에 5만 동

Tip

여행자거리의 쉼터, DMZ바

 여행자거리의 이정표와도 같은 DMZ바는 독특한 인테리어로 관광객들에게 인기가 많다. 특히 저녁이면 관광객들로 발 디딜 틈이 없다. 후에 여행의 참맛을 맛보고 싶은 여행자라면 여행자거리의 이정표인 DMZ바를 꼭 한 번 들려보자.

◆ **주소:** 60 Lê Lợi, Phú Hội, Hue City, Thừa Thiên Huế ◆ **위치:** 센트리 리버사이드 호텔 맞은편 ◆ **운영시간:** 07:00~02:00 ◆ **가격:** 맥주 2만 동

콤옹쯔
어떻게 가야 할까?

▶ **여행자거리 DMZ바에서 출발하는 방법**

① 센트리 리버사이드 호텔의 정면을 등지고 여행자 거리로 직진한다.

② 문 라이트 호텔을 지난다.

③ 직진하면 삼거리 정면에 ACB ATM 기계가 있고, 오른쪽으로 꺾어 직진하면 왼편에 'KY NGUYEN' 이라는 카페가 있다.

④ 사거리까지 직진하면 오른쪽에 콤옹쯔가 있다.

후에 뜨득왕릉

유럽스타일의 퓨전 음식을 즐길 수 있는 곳,

캥거루 후에
Kangaroo Hue

여행자거리를 지나다보면 유독 많은 관광객들이 식사를 즐기는 곳이 있다. 캥거루 후에는 가격도 저렴할 뿐 아니라 맛도 일품이며 베트남 음식, 후에 전통음식, 유럽 스타일의 퓨전 음식 등 다양한 음식을 맛볼 수 있다. 이 집에서 가장 맛있는 요리는 간장에 조린 두부와 하얀 밥, 계란후라이가 어우러진 두부요리다. 베트남 음식이 지겨워질 때쯤이면 캥거루 후에를 찾아 퓨전 음식을 즐겨보자. 특히 가볍게 반베오를 즐기고 싶다면 캥거루 후에의 반베오를 추천한다. 캥거루 후에는 쿠킹 클래스도 운영하고 있으며, 최신식 자전거도 렌트해준다. 여행자거리를 방문한다면 캥거루 후에에서 맛있는 식사를 즐겨보자.

이용 안내

◆ **주소:** 31 Vo Thi Sau−TR, HUE ◆ **영업시간:** 07:15∼22:30 ◆ **가격:** 반베오 3만 5천 동, 두부덮밥 4만 9천 동
◆ **홈페이지:** www.missyroohue.com

Tip

후에의 여행자거리에서 티엔무 사원이나 후에 왕궁으로 이동
하기 위해서는 택시를 이용할 수도 있지만 자전거로 이동하면
후에 도시의 멋스러움을 더 깊게 느낄 수 있다. 캥거루 후에는
여행자거리에서 가장 고급스런 자전거를 렌트할 수 있는 곳이
다. 렌트 비용은 4시간 기준 5만 동 정도다.

 두부 요리 맛집
'캥거루 후에'

✎ 느낌 한마디

베트남 여행중 재래시장에 들리면 흔하게 볼 수 있는 것 중 하나가 바로 두부다. 베트남 두부는
한국 두부보다 좀더 딱딱한 것이 특징이다. 캥거루 후에에서 베트남 두부덮밥을 주문한다. 쫄깃
한 두부가 양념과 어우러지니 마치 중국식 마파두부를 먹는 듯하다. 두부요리에 쌀밥·계란·야채
를 넣어 비빔밥처럼 비벼본다. 테이블 위에 있는 핫소스를 곁들이니 한국식 덮밥이 되었다. 맛있
는 음식으로 기분 좋게 한 끼 식사를 즐겨본다.

캥거루 후에

어떻게 가야 할까?

▶ **여행자거리 DMZ바에서 출발하는 방법**

(1) 센트리 리버사이드 호텔의 정면을 등지고 여행자 거리로 직진한다.

(2) 오른쪽에 있는 문 라이트 호텔을 지난다.

(3) 삼거리 정면에 있는 ACB ATM 기계까지 쭉 직진한다.

(4) 왼쪽으로 50여m 직진하면 왼편에 캥거루 후에가 있다.

후에 카이딘왕릉 천정궁

오랜 전통을 이어온 반베오 전문점,

항메메

Hàng Me Mẹ

항메메는 반베오(Bánh Bèo)만 전문적으로 취급하는 식당이다. 반베오는 익힌 쌀 반
죽에 다진 새우살, 돼지껍데기 튀김, 땅콩가루가 올려져 나오는 후에의 전통음식이
다. 반베오를 주문하면 달콤한 소스와 고추가 들어간 매콤한 소스가 함께 나온다.
본인의 취향에 따라 선택하면 된다. 먹는 방법은 직원이 친절하고 상세하게 알려주
기 때문에 전혀 걱정할 필요가 없다. 후식으로 마치 푸딩을 즐기는 듯한 반베오의
부드러운 맛이 일품이다. 양이 많아서 2명이 나누어 먹어도 된다. 후에에서만 맛볼
수 있는 전통음식 반베오는 오랜 전통의 맥을 이어온 항메메에서 즐겨보자. 항메메
는 후에의 전통음식을 맛보기에 부족함이 없는 곳이다.

이용 안내

◆ **주소**: 16 Võ Thị Sáu, Phú Hiệp, Tp. Huế ◆ **영업시간**: 07:00~22:00 ◆ **가격**: 5만 동

✏️ 느낌 한마디

반베오를 오리지널로 먹을 수 있는 후에의 반베오 전문점이다. 음식을 멍하니 바라보고 있으니 종업원이 다가와서 친절히 먹는 방법을 가르쳐준다. 먼저 달콤한 소스에 찍어 먹어본다. 달콤한 맛과 함께 쫄깃하면서 담백한 맛이 일품이다. 고추가 들어간 매콤한 소스를 곁들이니 또 다른 독특한 맛이다. 소스도 소스지만 무엇보다 쌀 반죽에 올라간 돼지껍데기 튀김이 함께 어우러져 부드러우면서도 바삭한 맛을 만들어낸다. 먹고 나면 기분 좋은 음식이 있다. 반베오가 그랬다. 후에 여행에서 꼭 먹어봐야 할 음식으로 추천한다.

Tip

반베오를 즐길 수 있는 또 다른 식당, 콴 한(Quán Hạnh)

항메메에서 반베오를 먹지 못했다면 콴 한 식당에 방문해보자. 콴 한 역시 반베오가 유명한 맛집이다. 반베오뿐 아니라 넴루이, 스프링 롤 넴란(Nem Ran), 베트남식 팬케이크인 반코아이(Banh Khoai), 월남쌈 등 후에의 현지음식과 전통음식까지 판매하고 있어 다양한 음식도 즐길 수 있다.

◆ **주소**: Phó Đức Chính, Phú Nhuận, Tp. Huế, Thừa Thiên Huế ◆ **영업시간**: 10:00~21:00 ◆ **가격**: 세트메뉴 1인 11만 동, 넴루이 단품 7만 동

항메메
어떻게 가야 할까?

▶ **여행자거리 DMZ바에서 출발하는 방법**

① 센트리 리버사이드 호텔을 등지고 여행자거리로 직진한다.

② 오른쪽에 있는 문 라이트 호텔을 지난다.

③ 직진하면 삼거리 정면에 ACB ATM 기계가 있다.

④ 왼쪽으로 꺾으면 사거리에 도착하기 전 왼편에 'HOT TUNA'라는 식당이 있다.

⑤ HOT TUNA에서 50여m 직진하면 오른쪽에 항메메가 있다.

후에 왕궁 태화전

후에에서만 즐길 수 있는 후에 쌀국수,

분보후에

Bún bò Huế

후에 지방은 덥고 비가 적게 오는 환경적 요인 때문에 매운 고추가 많이 생산된다. 이런 이유로 일찍부터 매운 음식이 발달했다. 분보후에는 후에 지방의 전통 음식으로 퍼(Pho)보다는 면이 굵으며 소고기 고명과 생야채, 매콤한 양념을 첨가해 국물이 얼큰한 것이 특징이다. 후에 지방의 분보후에 식당에는 테이블 위에 베트남 고추와 고추기름이 준비되어 있다. 분보후에가 나오면 고추기름·고추·라임 등을 기호에 맞게 넣어서 먹으면 된다. 고명으로 얹어진 어묵·두꺼운 고기가 특징이며, 시원한 국물 맛이 일품이다. 분보후에는 가짜 집도 많으니 꼭 주소를 확인하고 이동하자.

이용 안내

◆ **주소:** 17 Lý Thường Kiệt, Vĩnh Ninh, Tp. Huế, Thừa Thiên Huế   ◆ **영업시간:** 07:00~22:00   ◆ **가격:** 3만 5천 동

Tip

분보후에에서 분은 '얇은 면', 보는 '소고기', 후에는 '후에 도시'를 뜻하는데 이는 소고기를 고명으로 올린 얇은 면이 특징인 후에지방의 음식이라는 의미다. 분보후에는 주방이 오픈되어 있어 요리하는 모습을 구경할 수도 있다.

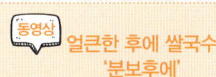

동영상 얼큰한 후에 쌀국수 '분보후에'

✎ 느낌 한마디

가족이 운영하는 식당이다. 식당에 들어서니 반갑게 맞이하는 친절이 과할 정도였다. 분보후에를 주문한다. 고명으로 얹어진 고기가 부드러웠다. 일반 쌀국수집에서 고명으로 얹어주는 질긴 고기와는 대조적이었다. 특히 가는 면이 쉽게 넘어갔다. 국수는 대부분 육수 따라 맛이 좌우된다. 오랜 시간 우려냈는지 분보후에 국물은 시원했고 진했다. 테이블에 준비된 고추기름을 넣어본다. 짬뽕이나 육개장을 먹은 듯 매콤하고 얼큰한 맛이 좋다. 먹고 나면 기분이 좋아지는 식사, 분보후에의 음식도 그랬다.

분보후에

어떻게 가야 할까?

▶ **여행자거리 DMZ바에서 출발하는 방법(도보 25분 소요)**

① 센트리 리버사이드 호텔의 정면을 등지고 여행자 거리로 직진한다.

② 직진한 후 삼거리 ACB ATM에서 우회전한다.

③ 사거리 오른쪽에 있는 임페리얼 호텔까지 간다.

④ 임페리얼 호텔에서 좌회전해 왼편에 후에 헤리티 지 호텔이 나올 때까지 직진한다.

⑤ 조금 더 직진하면 'Maritime'이라는 은행이 보이며, 맞은편에 분보후에가 있다.

후에 왕궁

숯불고기를 얹은 후에식 비빔국수인 분팃느엉 맛집,

타이푸

Tại Phú

얇은 면에 새콤달콤한 야채와 숯불고기를 고명으로 얹어 소스에 비벼 먹는 후에 스타일의 비빔국수 분팃느엉 맛집이다. 분팃느엉 이외에도 노란색 부침개인 반코아이·돼지고기·야채·소스를 넣고 싸서 먹는 넴루이(Nem Lui), 스프링 롤 넴란, 삶은 새우·가는 쌀국수·부추·향채 등을 라이스페이퍼에 말아서 먹는 월남쌈 등 다양한 메뉴가 준비되어 있다. 하지만 역시 이 집의 주 메뉴는 분팃느엉이다. 후에에서만 맛볼 수 있는 전통 분팃느엉을 타이푸에서 즐겨보자.

이용 안내

◆ **주소:** 8 Nguyễn Huệ ◆ **영업시간:** 08:00~21:00 ◆ **가격:** 분팃느엉 2만 5천 동, 월남쌈 2만 동

Tip

타이푸 식당의 주인과 맞은 편 파란색 펩시콜라 간판의 분보후에의 주인은 동일인이다. 하지만 타이푸 식당은 테이블 수가 적고 식당 규모가 작다. 2곳 모두 분팃느엉을 먹을 수 있다.

동영상
분팃느엉 맛집
'타이푸'

✏️ 느낌 한마디

오후에 다른 도시로 이동한다. 후에에서의 마지막 식사를 위해 분팃느엉 맛집으로 이동한다. 하지만 아침부터 폭우가 쏟아졌다. 비를 맞으며 어렵게 타이푸를 찾았다. 시원한 국물이 있는 쌀국수도 먹고 싶었지만 분팃느엉을 주문한다. 세계 어디서나 맛집의 공통점은 양념이다. 타이푸에서의 분팃느엉도 소스맛이 일품이었다. 여기에 견과류의 고소함과 고기가 어우러져 한 끼 식사로도 손색이 없었다. 폭우를 뚫고 온 보람이 있었다. 후에를 떠나기 전 오리지널 분팃느엉으로 기분 좋은 식사를 마무리한다.

타이푸

어떻게 가야 할까?

▶ **여행자거리 DMZ바에서 출발하는 방법(도보 30분 소요)**

① 센트리 리버사이드 호텔의 정면을 보고 왼쪽으로 직진한다.

② 왼쪽에 사이공 모린 호텔을 두고 직진한다.

③ Residence Hotel&Spa가 나올 때까지 계속 직진한다.

④ 왼편 사거리로 직진한다.

⑤ 직진하면 오른쪽에 타이푸가 있다. 왼쪽에 있는 타이푸도 같은 집이다. DMZ 바에서 30분 정도 소요된다.

베트남의 역사적 상징물,

티엔무 사원 쭈어 티엔 무, Chùa Thiên Mụ

1601년 건축된 티엔무 사원은 흐엉 롱(Huong Long) 마을에 위치하며, 후에에서 가장 큰 사원이자 가장 중요한 불교사원이다. 티엔무 사원에 내려오는 전설에 따르면 신령스런 여인 티엔무가 나타나 나라의 번영을 위해 군주가 불교사원을 지어야 한다고 말했고, 이를 들은 군주 응우옌 호앙(Nguyen Hoang)의 명령에 의해 건축되었다고 한다. 티엔무 사원 안에는 21m 높이의 8각 7층탑, 본전, 오스틴 자동차가 전시되어 있다. 이 자동차는 베트남전쟁 당시 미국과 결탁한 남베트남이 불

교를 탄압하자 틱꽝득 스님이 이에 항거하기 위해 호치민시에 있는 미국대사관으로 이동할 때 탔던 자동차다. 현재 티엔무 사원은 불교도들의 항거 중심지이자 역사적인 관광지가 되어 많은 여행자들이 찾고 있다.

이용 안내

◆ **주소:** Kim Long, Hương Long, Tp. Huế, Thừa Thiên Huế   ◆ **오픈시간:** 08:00~17:00   ◆ **입장료:** 무료   ◆ **주차료:** 5천 동

✎ 느낌 한마디

며칠 동안 찌는 듯한 불볕더위였다. 다행히 장대비가 내리고 나니 시원한 바람이 분다. 후에 구석구석을 둘러볼 마음으로 자전거를 렌트했다. 흐엉강을 벗 삼아 티엔무까지 달려오니 상쾌한 기분에 입꼬리가 올라간다. 주차 후 티엔무 사원으로 이동하는 동안 단체 여행객들이 줄을 잇는다. 사원 맞은편 흐엉강변으로는 보트투어를 즐기는 여행자들로 가득했다. 단체 여행객이 티엔무 사원의 랜드마크인 8각 7층탑을 배경으로 기념 촬영중이다. 본전을 구경하고 티엔무 사원의 하이라이트인 오스틴 자동차로 발길을 옮긴다. 그곳에는 불교탄압정책에 항거하기 위해 소신공양하는 틱꽝득 스님의 당시 사진과 소신공양에도 타지 않은 틱꽝득 스님의 심장사진, 그리고 틱꽝득 스님이 미국대사관에 가기 위해 탔던 자동차가 여행자들을 맞이한다. 정부에 맞서야 하는 상황 속 틱꽝득 스님의 살신성인 정신이 느껴지면서 가슴 한편이 먹먹해졌다.

티엔무 사원

어떻게 가야 할까?

▶ **여행자거리에서 오토바이나 자전거 렌트로 이동하는 방법**

① 센트리 리버사이드 호텔을 정면으로 보고 좌회전 한다.

② 짱띠엔 다리를 건넌다.

③ 좌회전한 후 직진해 후에 왕궁을 지난다.

④ KIM LONG거리로 직진한다.

⑤ 오른쪽에 주차장이 나올 때까지 직진한다.

6 주차장에 주차 후 직진하면 티엔무 사원 입구다.

▶ 택시로 이동하는 방법

여행자거리에서 택시를 이용하면 6만 동 정도로 이동이 가능하다.

티엔무 사원

어떻게 즐겨볼까?

탑과 석비, 그리고 범종

티엔무 사원에는 1844년 3대 티에우찌황제 때 세워진 21m 높이의 8각 7층탑이 있다. 탑의 각 층에는 불상이 모셔져 있고, 탑 양쪽 정자에는 석비와 베트남 국보인 범종이 있다. 1715년에 세워진 석비에는 티엔무 사원의 역사적 공헌도에 관해 새겨져 있다.

정원

8각 7층탑 안쪽 중앙문을 들어서면 정원이 나타나며 정원의 양쪽에는 사원을 호위하는 3명의 신장상(神將像)이 있다.

본전

정원을 지나면 본전이 있고, 본전에는 유리벽으로 둘러싸인 삼존불상들이 있다. 삼존불상 앞에는 포대화상이 자리하고 있다.

오스틴 자동차

본전 왼편에는 1963년 틱꽝득 스님이 베트남 정부의 불교탄압정책에 항거하는 의미로 소신공양을 하기 위해 호치민시까지 몰고 갔던 자동차와 틱꽝득 스님의 사진, 분신 당시의 사진, 그리고 타지 않은 심장의 사진 등이 있다. 틱꽝득 스님은 호치민시에 있는 미국대사관 앞에서 가부좌를 튼 채 소신공양했다.

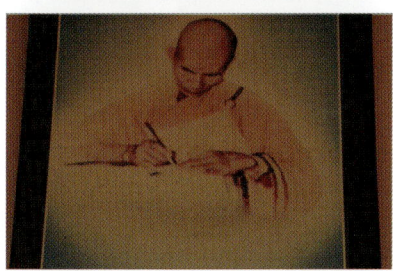

넷째 날,
다낭 여행의 또다른 묘미,
테마파크와 쇼핑

Da Nang

무더운 다낭에도 시원하게 관광을 즐길 수 있는 곳이 있다. 해발 1,500m 정상에 지어진 프랑스 별장을 구경하는 것은 또 다른 다낭 관광의 묘미다. 케이블카로 이동하는 내내 아찔함에 더해 가슴이 활짝 열린다. 정상에는 유럽 속 동화 같은 도시에 온 듯 아름다운 건물이 펼쳐진다. 다낭 여행의 마지막 날을 장식할 바나힐 테마파크와 쇼핑공간을 소개한다.

넷째 날 일정 한눈에 보기

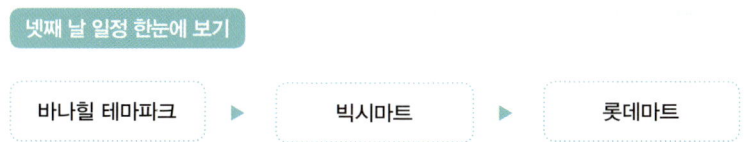

빅시마트

한시장

콴 껌 후에 응온

롯데마트

바나힐 테마파크

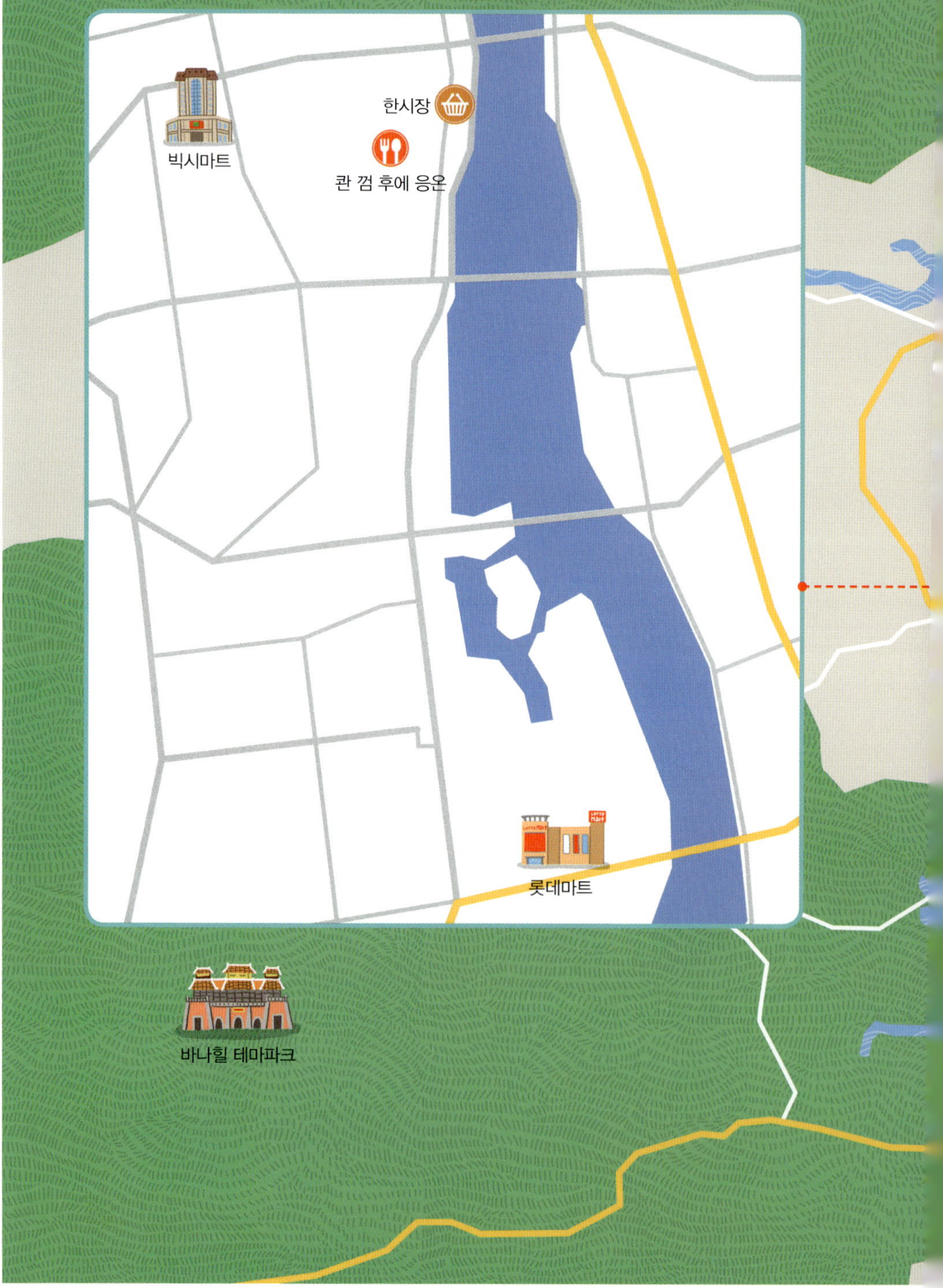

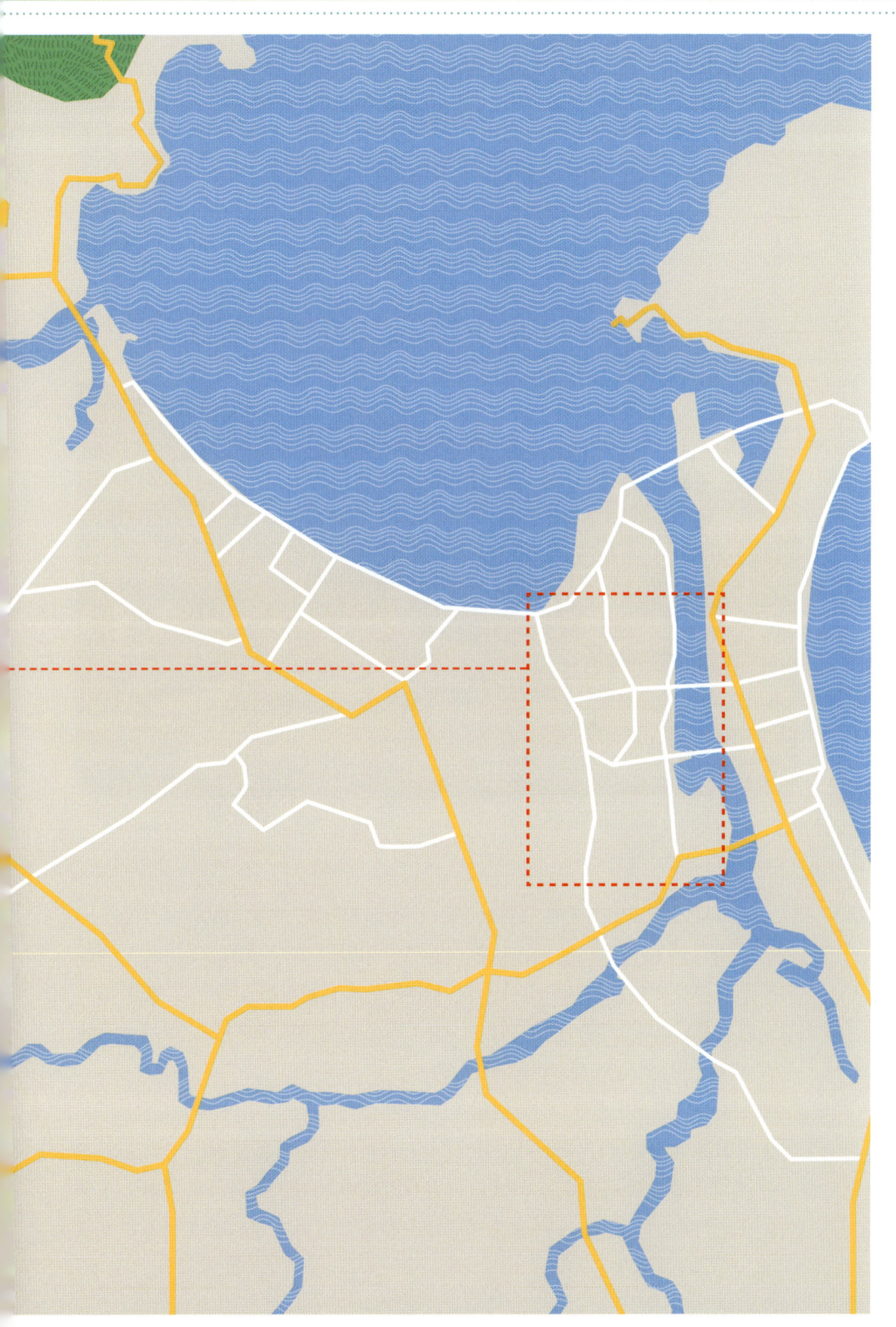

프랑스인들의 고풍스러운 별장,
바나힐 테마파크

Bà Nà Hills Resort

다낭에서 25km 떨어진 곳에 위치한 바나힐(Bana hills)은 해발 1,500m 정상에 지어진 테마파크다. 바나힐은 베트남을 식민지로 삼았던 프랑스인들이 더운 날씨를 피해 산꼭대기에 별장을 지으면서 시작되었다. 실제 바나힐은 상류층의 별장, 와인 창고로 사용되었다. 2015년 아름답고 고풍스러운 관광지로 오픈했고, 현재 세계에서 두 번째로 긴 5,200m의 케이블카가 있다.

바나힐은 매표소가 있는 지상, 화원과 트램이 있는 중간층, 판타지파크와 프랑스 마을이 있는 최상층의 구조로 나누어져 있다. 케이블카로 이동할 때는 중간층을 경유한 후 최상층으로 이동하고, 최상층 구경이 끝나면 지상으로 한번에 내려오는 케이블카를 이용하면 된다. 더 특별한 바나힐을 즐기고 싶다면 바나힐에 위치한 호텔

을 예약해 숙박하는 방법도 있다. 다낭이 30도가 넘는 무더운 기온을 유지할 때도 바나힐은 25도 안팎의 쾌적한 기온을 유지한다. 산 정상의 기온차가 심할 때가 있으므로 가벼운 긴 옷, 우산 정도는 준비하는 것이 좋다. 다낭의 또 다른 판타지인 바나힐 테마파크 방문으로 다낭 여행의 최고 추억을 만들어보자.

이용 안내

◆ **주소**: Nhà máy nước Sân Bay, Trường Chinh, Hòa Thuận Tây, Đà Nẵng ◆ **케이블카 운영시간**: 07:30(지상 첫 출발)~21:00(정상 마지막 출발) ◆ **입장료**: 성인 60만 동, 키 1m 30cm 이하 50만 동(성인요금의 80%), 1m 이하 무료 (카드 결제 가능) ◆ **홈페이지**: www.banahills.com.vn

Tip

중간층에 위치한 르 자넹 디아모르 정원으로 이동할 때 트램을 이용할 수 있다. 실내보다 제일 앞쪽이나 제일 뒤쪽 실외에 탑승하면 주위 풍광을 구경하기에 좋다.

동영상 다낭 속 작은 유럽 '바나힐 테마파크'

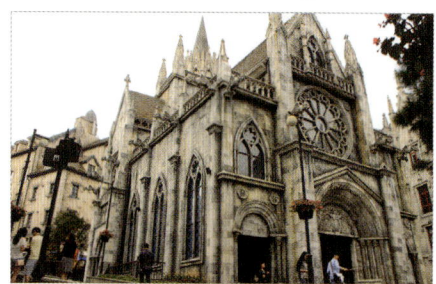

일일투어를 신청해 바나힐로 이동한다. 베트남의 다른 관광지에 비해 입구부터 깨끗하게 조성된 모습이었다. 첫 번째 케이블카에 탑승한다. 아래를 내려다 보니 계곡이 폭포가 되어 시원스러운 물줄기를 쏟아내고 있다. 주변의 구름이 빠르게 지나가고 케이블카로 들어오는 바람이 제법 차게 느껴질 때쯤 중간층에 도착했다. 트램비용(7만 동 정도)을 추가로 지급하고 트램에 몸을 싣는다. 트램이 도착하자 프랑스에 도착한 듯 상송이 들리기 시작했다. 벽을 뚫고 입장하면 무릉도원이 펼쳐지듯 흩날리는 구름 사이로 형형색색의 꽃이 만발한 아름다운 정원이 나타난다. 산책을 하며 구석구석을 둘러본다. 걷는 것만으로도 힐링이 되었다. 산 아래로 구름이 빠르게 달아나고 있었다. 최정상으로 이동하는 케이블카에 몸을 싣는다. 정상은 유럽의 아름다운 마을을 옮겨놓은 듯했다. 내리자마자 탄성과 함께 사진을 찍느라 바쁘다. 타임머신을 타고 유럽으로 이동한 듯 꿈을 꾸고 있는 것 같다. 마치 동화 속 주인공이 된 듯 천천히 이동해본다. 바나힐은 다낭 여행의 하이라이트였다.

바나힐 테마파크
어떻게 가야 할까?

▶ 바나힐 투어를 예약해서 이동하는 방법

◆ **투어예약:** 다낭 시내 여행사나 호텔 리셉션
◆ **투어비용:** 1인 95만 동
◆ **투어시간:** 08:00~17:00
◆ **포함사항:** 케이블카, 입장료, 점심식사, 차량, 영어가 가능 베트남 가이드
◆ **불포함사항:** 매너팁, 추가 음료, 중간층 트램비용(7만 동)

▶ 택시를 대절해서 이동하는 방법

바나힐에 도착하면 다시 다낭으로 돌아올 수 있는 교통수단이 없기 때문에 택시를 이용하는 여행자 대부분은 왕복으로 택시를 대절한다. 택시비는 '왕복 택시비+기다리는 시간+팁'으로 책정되며, 대기시간을 포함해 5시간을 기준으로 할 때 평균 55만~60만 동에 다녀올 수 있다.

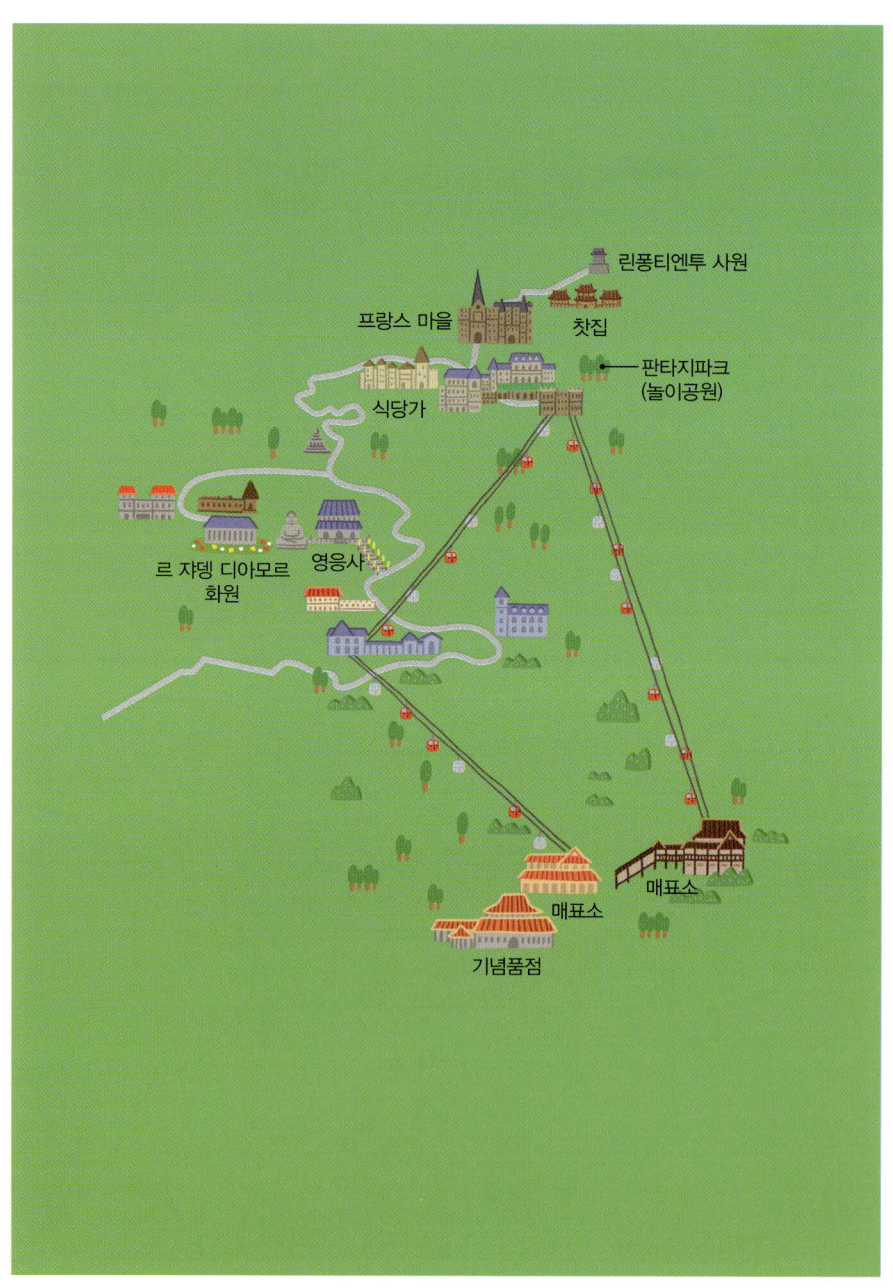

바나힐 테마파크
한눈에 보기

린풍티엔투 사원

프랑스 마을

찻집

판타지파크
(놀이공원)

식당가

르 쟈뎅 디아모르
화원

영웅사

매표소

매표소

기념품점

바나힐 테마파크
어떻게 즐겨볼까?

중간층

르 자넹 디아모르 정원

중간층에서는 부다석상·영웅사·르 자넹 디아모르 정원을 구경할 수 있다. 정원으로 이동할 수 있는 트램과 르 자넹 디아모르 정원 입장료는 따로 구매해야 한다. 르 자넹 디아모르 정원에서는 와인셀러, 미로찾기, 사랑의 가든, 레스토랑 등을 즐길 수 있다.

낭만이 있는 정원
'르 자넹 디아모르 정원'

트램 + 정원입장료: 7만 동

부다석상과 영웅사

입장권을 따로 구매해야 하는 르 자넹 디아모르 정원은 구경하지 않고 부다석상, 영웅사만 둘러본 후 최상층으로 올라가는 것도 한 방법이다. 케이블카에서 하차한 후 계단을 이용해 부다석상 및 영웅사를 구경하자. 영웅사에서 바라보는 전망이 좋다.

최상층

케이블카에서 내리면 가운데 분수대가 있고 분수대에서 왼쪽 아래로는 알파인 코스터와 판타지파크로 이어지는 계단이 있다. 분수대 주변에는 노천레스토랑이 즐비하고, 프랑스풍의 건물들이 아름답게 들어서 있다.

Tip

최상층에 도착하면 가장 먼저 알파인 코스터를 탑승하는 것이 좋다. 대부분의 관광객은 최상층에 도착하면 건물을 배경으로 사진찍기에 바빠 알파인 코스터가 제일 한가한 시간이 최상층 도착시간이다. 최상층에 도착하면 먼저 알파인 코스터에 탑승하자.

판타지파크

판타지파크는 1~3층으로 되어 있고, 2층에는 어린이들을 위한 키즈카페가 있다. 판타지파크에는 범퍼카·자이로드롭·암벽등반·미로찾기·4D체험관·오락실 등이 있으며, 판타지파크 내 시설물은 무료로 이용 가능하다.

알파인 코스터

알파인 코스터는 바나힐 테마파크에서 가장 인기 있는 놀이기구로 평균 30분 이상 기다려야 한다. 1인용과 2인용이 있다. 경사가 심해 손에 땀이 날 정도이며, 특히 코너링 부분은 스릴 만점이다.

제일 꼭대기 사원지역으로 입장하면 티 하우스를 비롯해 린퐁(LINH PHONG)사원을 구경할 수 있다. 린퐁사원 정상은 바나힐을 조망할 수 있는 가장 멋진 장소다.

263

바나힐 입장하기

여행사를 통해 바나힐투어 상품으로 방문하면 따로 티켓을 구매할 필요가 없지만, 개인적으로 바나힐 테마파크를 찾은 경우라면 티켓을 구매해야 한다.

① 바나힐 정문 입구 오른쪽에 위치한 매표소에서 티켓을 구매한다. 티켓은 플라스틱으로 되어 있다.

② 정문을 통과한 후 왼쪽 에스컬레이터를 탄다. 엘리베이터에서 내려 케이블카 이정표를 따라 이동한다.

③ 분수대를 지나 케이블카 탑승 건물로 이동한다.

④ 투입구에 티켓을 투입한 후에 케이블카에 탑승한다. 티켓은 다시 돌려받지 못한다.

바나힐 케이블카

바나힐 케이블카는 출발역과 도착역이 가장 긴 싱글 로프 케이블카(5,801m), 출발역과 도착역 사이가 가장 큰 케이블카(1,368m), 가장 긴 케이블카(11,578m), 가장 무거운 케이블카(141.24톤) 등 4가지가 기네스북에 등재되어 있다. 오전에 도착했다면 '출발지점 승차 - 중간층 하차 - 중간층 승차 - 최상층 하차' 형태로 2번 케이블카를 타 바나힐 구석구석을 돌아보자. 오후에는 최상층에서 지상까지 케이블카를 타고 한번에 내려가면 편하다.

케이블카 운행 시간표(홈페이지 참조)

날씨에 따라 운행 일정이 달라질 수 있으니 방문 전 홈페이지(www.banahills.com.vn)에 접속해 확인해보자.

① 수이모(suoi mo)역 → 바나(Bana)역: 지상에서 중간층까지 운행하며, 15분 정도 소요된다. 다만 오전에만 운행하고 있다.

7:30~7:45, 8:30~8:45, 9:30~9:45, 10:30~10:45, 11:30~11:45

② 디베이(Debay)역 → 모린(Morin)역: 중간층에서 최상층까지 운행한다.

7:30~9:30, 10:00~12:30, 13:00~14:00, 16:00~17:30, 18:45~19:30, 20:45~21:30

③ 톡티엔(toc tien)역 → 인도차이나(L'indochine)역: 최상층에서 지상까지 운행한다. 다만 오후에만 운행하고 있다.

12:30~12:45, 14:00~14:45, 15:00~15:15, 16:00~16:15, 17:00~17:30, 19:00~19:15, 20:00~20:15, 21:00~21:15

LA LAVANDE 뷔페식당

바나힐 테마파크 내 레스토랑은 베트남 물가에 비해서 비싼 편이다. 여행사 바나힐투어 상품으로 오면 점심식사가 포함이며, 가장 무난한 LA LAVANDE 뷔페식당을 이용한다.

ĐI NHẸ

바나힐 테마파크 영웅사

쇼핑리스트와 함께 즐기는 슈퍼마켓,
빅시마트
Big C

빅시마트는 태국 방콕에 본사를 둔 슈퍼마켓 체인점으로 라오스와 베트남에도 체인을 두고 있다. 다낭 시내의 팍슨 플라자(Parkson Plaza) 내에 위치한 빅시마트는 최적화된 상품을 파는 곳으로 현지인, 관광객 할 것 없이 많이 찾는다. 한국인들에게는 롯데마트와 함께 정거장과도 같은 곳이다. 2층은 물품보관소와 식품 코너, 3층은 생필품과 장난감 코너, 4층은 오락실과 CGV가 있다. 다낭의 대표 쇼핑 품목(G7 커피, 그린티, 과일칩, 컵라면, 쿠키, 하오하오라면 등)들로 가득한 빅시마트는 식료품을 기념품으로 구매하고자 하는 여행자들에게 인기가 많다. 저녁시간은 현지인들로 매우 복잡하므로 되도록 피하는 것이 좋으며, 다운타운에 숙소를 잡은 여행자들은 쇼핑 후 공항으로 이동하는 것도 방법이다.

이용 안내

◆ **주소:** 255 Hùng Vương, Thanh Khê, Đà Nẵng ◆ **오픈시간:** 09:00~22:00 ◆ **이동방법:** 주소나 상호를 보여주고 택시로 이동하는 것이 좋다. 시내에서 이동시 택시비는 4만 동 정도다.

Tip

빅시마트의 물품보관소는 캐리어도 맡길 수 있다. 호텔 체크아웃 후 캐리어를 끌고 빅시마트를 방문해 물품 구입 후 공항으로 이동하는 것도 방법이다.

✎ 느낌 한마디

시내에서 마트까지 도보로 도전해본다. 30분 정도 걸으니 빅시마트에 도착할 수 있었다. 더운 날씨에 매연이 심한 거리를 도보로 이동하기에는 꽤나 먼 거리다. 입구에 있는 짐보관소에 배낭을 맡긴다. 보관소 바닥에는 이미 캐리어가 가득했다. 공항으로 떠나는 여행자들 짐이다. 마트는 토요일 저녁이라 현지인들로 인산인해를 이루었다. 한류를 증명이라도 하듯 곳곳에 한국 식료품 천지다. 군데군데 여행자들이 물건을 고르고 있다. 나도 그들 틈에 끼여 식료품을 골라본다. 어느새 카트가 가득 찼다. 이것저것 많이 샀는데도 생각보다 돈이 많이 들지 않았다. 저렴하면서 알찬 선물을 준비할 수 있는 빅시마트에서 최고의 쇼핑을 즐겨보자.

베트남 여행을 추억할 기념품 쇼핑,
롯데마트
Lotte Mart

한국 여행자들이 지인에게 줄 기념품을 사거나 또는 다낭 여행시 한국식품을 구입하기 위해 가장 많이 찾는 곳이다. 총 5개 층으로 되었으며 1층은 롯데리아를 비롯한 잡화, 2층은 의류 및 잡화, 3층은 생활용품, 4층은 식료품, 5층은 오락실·푸드코트·롯데시네마가 있다. 4층 식료품 코너 앞에는 물품보관소가 있기 때문에 캐리어나 배낭을 맡길 수 있으며, 식료품 매장에는 한국 식료품 코너가 따로 마련되어 있다. 햇반·라면·과자 등 한국 식품을 구입하길 원한다면 여기에서 구입하면 된다. 또한 다낭 쇼핑품목인 위즐커피·콘삭커피·비나밋·캐슈넛·야생꿀·하오하오 라면 등다양한 제품을 구비하고 있으므로 다낭에 도착한 날에 필요한 물품이 있거나 다낭을 떠나기 전 선물을 구입하기 최적의 장소다. 5층 푸드코트에는 한국의 김치찌개나 된장찌개를 파는 대장금 식당도 있다. 롯데마트에서 다낭국제공항까지는 택시로 20여 분 정도 소요되며, 아시아파크와 5분 거리에 위치해 있기 때문에 다낭 여행 마지막 날에 아시아파크를 구경하고 쇼핑을 즐긴 후 출국하는 것도 좋다.

이용 안내

◆ **주소:** Khu bảo tồn Thiên nhiên Bà Nà – Núi Chúa, Nhà máy nước Sân Bay, Trường Chinh, Hòa Thuận Tây, Hòa Vang, Đà Nẵng ◆ **영업시간:** 08:00~22:00 ◆ **홈페이지:** www.lottemart.com.vn

Tip

롯데마트 가는 방법
다낭 시내에서 택시로 이동하는 방법: 다낭 시내에서 타면 4만 동 정도 나온다.
다낭 시내에서 도보로 이동하는 방법: 용교 꼬리부분에서 아시아파크 대관람차를 보고 오른쪽으로 3km 정도 직진하면 아시아파크가 나오고, 그 맞은편이 롯데마트다.
아시아파크에서 도보로 이동하는 방법: 아시아파크 정문 맞은편에 위치해 있으며, 아시아파크에서 도보로 5분 정도 소요된다.

✎ 느낌 한마디

외국에서 롯데라는 낯익은 간판을 보니 왠지 모르게 반가웠다. 마치 한국에 있는 마트에 들어가는 느낌이다. 1층에는 한국에서도 흔히 볼 수 있는 롯데리아가 자리하고 있었다. 2층 매장의 옷들은 한국 물가에 비하면 아주 저렴한 가격이었다. 4층으로 이동해본다. 한쪽 코너에 한국 식품만 따로 모아 판매하는 한국 식료품 코너가 있다. 한국에서도 눈에 익은 라면·과자들이다. 현지인들은 한국 식품을 구매하고, 한국 여행자들은 베트남 식료품 코너에서 지인들에게 줄 선물을 고른다. 커피부터 없는 게 없을 정도로 다양한 제품을 구비하고 있었고, 무엇보다 한글로 '인기 귀국 선물'이라는 팻말이 있어 선물 고르는 게 어렵지 않았다. 선물을 고른 후 5층 푸드코트 매장에 들러 김치찌개로 시장기를 달래본다. 비록 한국에서 먹던 맛과는 다르지만 나름 맛있게 먹었다. 롯데마트는 귀국 선물을 구매하기에도 좋고, 간편히 한 끼 식사를 해결하기에도 좋은 장소다.

롯데마트

어떻게 즐겨볼까?

1층 롯데리아, 생활잡화

2층 의류 및 잡화

3층 생활용품

4층 식료품, 물품보관소

5층 오락실, 푸드코트, 롯데시네마

롯데마트

롯데마트

해장용으로 더 유명한 다낭의 어묵국수 맛집,

분짜까 109
Bún Chả Cá 109

다낭을 대표하는 음식 분짜까(Bún chả cá)는 어묵이 들어간 국수로 매콤한 국물 맛이 일품이다. 당일 잡은 신선한 생선으로 어묵을 만들고 뼈를 발라 육수로 만든다. 생선뼈의 육수는 맑은 물이 우러나올 때까지 오랜 시간 끓인다. 생선뼈 육수는 고기 육수보다 국물이 정갈하고 시원한 것이 특징이다. 어묵국수에 더 매콤하고 깔끔한 맛을 원하면 테이블 위에 세팅되어진 식초에 절인 양파나 갈은 고추 다대기를 넣어 먹으면 된다. 해장용 국수로 더 유명한 분짜까 109를 찾아 다낭만의 특별한 음식 맛에 도전해보자. 어묵국수 주문시 같이 나오는 야채 숙주를 곁들여 먹자. 야채와 곁들인 어묵국수는 더 신선하고 아삭하며 깔끔한 맛을 즐길 수 있다.

이용 안내

◆ **주소:** 109 Nguyễn Chí Thanh, Hải Châu ◆ **영업시간:** 06:30~21:30 ◆ **가격:** 소 2만 동, 대 2만 5천 동, 특대 3만 동

Tip

소·대·특대 사이즈의 가격 차이가 많은 것은 아니지만 야채를 곁들인다면 소 사이즈를 주문해도 한 끼 식사로 충분한 양이다.

분짜까 맛집
'분짜까 109'

✎ 느낌 한마디

어묵국수 맛은 어떨까? 한국의 해장라면 같은 맛일까? 호기심과 기대감을 품고 분짜까 109로 갔다. 입구에서는 큰 통에 육수물을 끓이고 있었다. 바닥은 지저분했다. 베트남에 있는 어느 식당을 가든 항상 보는 장면이다. 베트남 사람들은 식당 바닥에 휴지를 마구 버린다. 조금만 신경을 쓰면 더 청결해지겠지만 베트남에 왔으니 베트남식 문화를 이해하자며 마음을 달랜다. 좋게 생각하면 바닥에 휴지가 많다는 것은 그만큼 많은 사람이 왔다 갔다는 증명이 되기도 한다. 즉 그만큼 유명한 곳이라는 뜻이리라. 작은 것으로 주문한다. 이제까지 먹어본 많은 쌀국수에 비해 면이 가장 가늘었는데, 가는 면이라 더 부드럽게 먹을 수 있었다. 고명으로 올려진 어묵이 식감을 자극했다. 가늘지만 쫄깃한 면과 시원하고 얼큰한 국물이 끝내줬다. 어묵국수는 베트남 중부지방의 대표 음식임에 틀림없었다.

분짜까 109

어떻게 가야 할까?

▶ **용교에서 도보로 이동하는 방법**(25분 소요)

① 용교 꼬리부분을 보고 왼쪽 강변을 따라 직진한다.

② 조각공원과 한시장을 지난다.

③ 하이랜드 커피숍을 끼고 왼쪽으로 직진한 후 세 번째 사거리에서 우회전한다.

④ 직진하면 사거리가 나오는데, 이 사거리를 지나면 오른쪽에 분짜까 109가 있다. 용교에서 25분 정도 소요된다.

▶ **택시로 이동하는 방법**

택시 탑승 후 주소나 상호를 보여주면 된다. 다낭 시내에서 이동할 경우 4만 동 정도(택시 비용)면 이동 가능하다.

바나힐 테마파크

소스 맛이 일품인 베트남식 숯불구이집,

콴 껌 후에 응온
Quán Cơm Huế Ngon

베트남식 숯불구이집이다. 낮은 의자에 조그만 테이블을 갖추고 있으며, 음식을 주문하면 고기 굽는 화로와 철판이 따로 나온다. 한국식 숯불구이와 비슷한 분위기, 특별한 맛 덕택에 많은 한국 여행자들이 찾는 곳이다. 해산물, 소고기, 돼지고기 등 다양한 메뉴가 준비되어 있고, 특히 이 집의 특제소스에 양념된 맛이 일품이다. 자리에 앉으면 기름에 튀긴 라이스페이퍼를 먼저 가져다준다. 추가 요금을 지불하지만 다낭 어디에서도 맛볼 수 없는 특이한 맛이므로 먹어보기를 추천한다. 콴 껌 후에 응온의 단점은 에어컨 시설이 없다는 것이다. 무더운 다낭 날씨에 숯불까지 더해져 매우 무더우므로 부채를 준비해가는 것이 좋다. 다낭 대성당 뒤편에 위치하니 다낭 대성당 관광 후 이곳에서 한 끼를 해결해보자.

276

이용 안내

◆ **주소:** 65 Trần Quốc Toản, Hải Châu ◆ **위치:** 다낭 대성당 뒤편 ◆ **영업시간:** 11:00〜22:00 ◆ **가격:** 소고기 5만 9천 동, 문어 4만 9천 동, 튀긴 라이스페이퍼 5천 동

Tip

숯불구이 전문집으로 밥이나 면을 먹는 것이 아니므로 한끼 식사로는 양이 부족할 수 있다. 가볍게 베트남 맥주 한 잔과 함께 다낭 밤 문화를 즐기는 곳으로 적합하다.

 숯불구이 맛집
'꽌 껌 후에 응온'

✏️ **느낌 한마디**

처음에는 정보지에 잘못 기재된 영업시간 때문에 헛걸음을 했다. 무더운 날씨에 다시 와야 한다고 생각하니 발걸음이 무거웠지만, 베트남 맛집을 놓칠 수 없어 시간을 제대로 숙지하고 재방문을 했다. 먼저 문어 바비큐를 주문한다. 생 문어가 나와 젓가락을 들었는데 직원이 아직 먹는 게 아니라며 손사래를 친다. 단순히 준비만 한 건데 내가 이대로 먹는 줄 알았나보다. 너무 친절한 직원 탓에 괜한 오해를 샀다. 숯불이 배달되었다. 한국에는 숯불이 나오는 식당이 많아 익숙하지만 베트남에서 숯불이 배달되니 색다른 분위기였다. 접시에 놓여 있던 문어는 보기와는 다르게 정말 맛났다. 특히 소스가 달콤하면서도 담백해 맛이 특별했다. 추가로 소고기를 주문한다. 고춧가루에 버무려진 매콤한 소고기도 맛있었다. 음식의 기본인 소스 맛이 특별한 숯불구이집이었다.

콴 껌 후에 응온
어떻게 가야 할까?

① 다낭 대성당 정면을 보고 왼쪽으로 이동한다.

② 왼쪽에 M카페가 보인다.

③ 정면에 'BOSCH'라는 건물을 바라보고 오른쪽으로 직진한다.

④ 첫 번째 사거리에 있는 'VIETNAM BANK' 건물을 지난다.

⑤ 100m 정도 직진하면 왼쪽에 'TOKYO CAKES'라는 가게가 보이는데, 콴 껌 후에 응온은 그 왼편에 위치해 있다.

다낭에서 맛보는 특별한 수제버거,

버거 브로스
Burger Bros

수제버거 맛집이다. 다낭의 유명 맛집 중 하나로 자리매김하면서 시세를 확장하고 있다. 최근 다낭 시내에 2호점이 오픈했다. 에어컨이 없는 1호점과 달리 2호점에는 베트남 식당에서 보기 어려운 에어컨 시설이 설치되어 있다. 베트남 물가에 비하면 가격은 비싼 편이지만 부드러운 빵과 육즙이 풍부한 패티로 관광객들의 입소문이 자자하다. 현지식으로 입맛이 지겨울 때쯤 수제버거로 특별한 맛을 즐겨보자. 버거 브로스에서는 무료 와이파이도 제공하고 있어 여유로운 시간을 갖을 수 있다. 다만 주방에는 한 명이 요리를 하고 주문 후 요리에 들어가기 때문에 10~20분 기다리는 것은 기본이다.

이용 안내

◆ **주소:** 18 An Thuong 4, My An Ngu Hanh Son District(1호점), 4 Nguyen Chi Thanh(2호점) ◆ **영업시간:** 11:00~14:00, 17:00~22:00(2호점은 월요일 휴무) ◆ **가격:** 치즈버거 8만 동 ◆ **홈페이지:** burgerbros.amebaownd. com

> **Tip**
>
> 수제버거라는 명색에 걸맞게 다낭에서 맛볼 수 있는 최고의 버거 맛이지만 사실 한국에서 버거 맛 좀 낸다는 정도의 버거 집에서도 충분히 먹어볼 수 있는 정도의 맛이다. 노보텔 근처에 투숙한다면 한번쯤 가볼 만한 곳으로 추천한다.

 수제버거 전문점 '버거 브로스'

> ✏ **느낌 한마디**
>
> 오픈시간보다 30분 일찍 도착했지만 에어컨이 나오는 실내에서 편하게 기다릴 수 있었다. 베트남에서 에어컨이 비치된 식당이 있는 것이 신기할 정도다. 치즈버거를 주문한다. 수제버거라 시간이 좀 걸리는 것이 단점이었지만 버거를 받고 나니 부드러운 빵과 패티에 기분이 좋아진다. 숯불향 가득한 고기는 육즙이 나올 정도로 입을 즐겁게 했다. 베트남에서 맛볼 수 있는 수제버거로는 아주 특별한 맛이었다. 맛은 물론 시원한 에어컨 아래에서 휴식을 취할 수 있는 최적의 장소다.

버거 브로스

어떻게 가야 할까?

▶ 노보텔에서 버거 브로스 2호점 가는 방법

① 왼쪽 시청, 오른쪽 노보텔을 두고 직진한다.

② 첫 번째 사거리에 있는 'DANANG PLAZA'에서 왼쪽으로 이동한다.

③ 두 번째 사거리에서 'SKY LINE SCHOOL'이 보이면 우회전한다.

④ 100여m 직진하면 왼쪽에 버거 브로스가 보인다.

버거 브로스

현지인들의 삶을 엿볼 수 있는 재래시장,
한시장 Chợ Han

다낭 시내 한강변에 위치한 한시장은 70년의 역사를 가진 재래시장으로 현지인들의 삶의 터전이자 여행자들의 관광명소다. 한국의 스타디움처럼 2층 구조로 되어 있는데, 1층 실외 꽃집에서는 새벽부터 화환 만드는 작업이 한창이다. 실내 1층에서는 액세서리·기념품·먹거리·건어물·특산품 등을 판매하며, 1층 간이식당에서는 저렴한 가격으로 쌀국수나 어묵국수 등도 먹을 수 있다. 2층은 신발·옷·침구류 등을 판매하고, 3층은 기성복을 수선하는 수선소가 있다. 다낭은 해변과 인접해 있기 때문에 매일 잡은 신선한 해산물이 많은데, 이곳에서 신선한 해산물도 살 수 있다. 다낭 관광중 현지인들의 삶의 모습과 간단한 기념품을 사고 싶다면 다낭 재래시장을 방문해보자.

다낭 여행시 해수욕을 위한 용품을 준비하지 않은 여행자는 아쿠아슈즈나 가볍게 입고 버릴 수 있는 옷들을 2층 매장에서 구입하면 되고, 3층 매장에서는 베트남 전통 복장인 아오자이 같은 것을 구매할 수 있다. 다만 정찰가격이 아니기 때문에 물품 구입시 에누리는 필수다.

이용 안내

◆ **주소:** 119 Trần Phú, Hải Châu 1, Đà Nẵng ◆ **영업시간:** 06:00~18:00

 Tip

한시장의 어묵국수 맛집

 1층 간이식당가 178호 식당은 항상 사람들로 붐빈다. 어묵국수 가격도 2만 5천 동으로 저렴하며, 무엇보다 양도 푸짐하다. 어묵국수와 함께 먹는 튀긴 빵 퍼콰이도 일품이다.

 다낭 재래시장 '한시장'

✏️ 느낌 한마디

한시장 근처에 숙소를 잡는 바람에 다낭에 머무는 동안 가장 많이 들른 곳이다. 시장에서는 현지인들의 삶을 들여다볼 수도 있고, 한 끼 식사도 알찬 가격에 즐길 수 있다. 입구부터 바다 특유의 향이 진동한다. 다낭 바다에서 잡은 건어물 코너였다. 한국처럼 오징어 말린 것도 있었다. 안쪽 식당으로 이동해서 어묵국수와 튀긴 빵을 주문한다. 시장 음식은 정말 맛있다. 그리고 무엇보다 인심이 좋다. 2층으로 올라가 반팔티 하나를 구매한다. 여행중 가볍게 입을 수 있는 옷이다. 첫날 이후 매일 아침마다 한시장을 방문해 필요한 물건을 사거나 간단하게 요기를 했다. 개인적으로 다낭 여행을 하면서 먹은 국수 중에서 가장 맛난 곳이 한시장 국수였다.

한시장

어떻게 가야 할까?

▶ 다낭 대성당에서 출발하는 방법

① 다낭 대성당 정면을 보고 오른쪽으로 이동한다.

② 버스 정류장을 지난다.

③ 100여m 직진하면 첫 번째 사거리 오른쪽으로 한 시장이 보인다.

Tip

한시장 실외에서 가장 흔하게 볼 수 있는 장면은 꽃 전시장이다. 실외에서 현지인들의 손놀림과 그들의 꽃 장식 만드는 모습을 구경하는 것은 한시장 관광의 덤이다.

한시장

어떻게 즐겨볼까?

Tip

식당가에선 어묵국수를 비롯해 간단하게 식사를 즐길 수 있으며, 건어물 코너에선 다낭 해변에서 잡은 각종 건어물을 구매할 수 있다. 야채ㆍ과일 코너에서는 바나나를 비롯한 과일과 야채를 살 수 있다. 다낭 여행 전 간식거리로 바나나를 비롯한 열대과일을 구매하는 것도 방법이다.

PART 3

이곳을 더 알고 싶다,
동양의 나폴리 '나트랑'

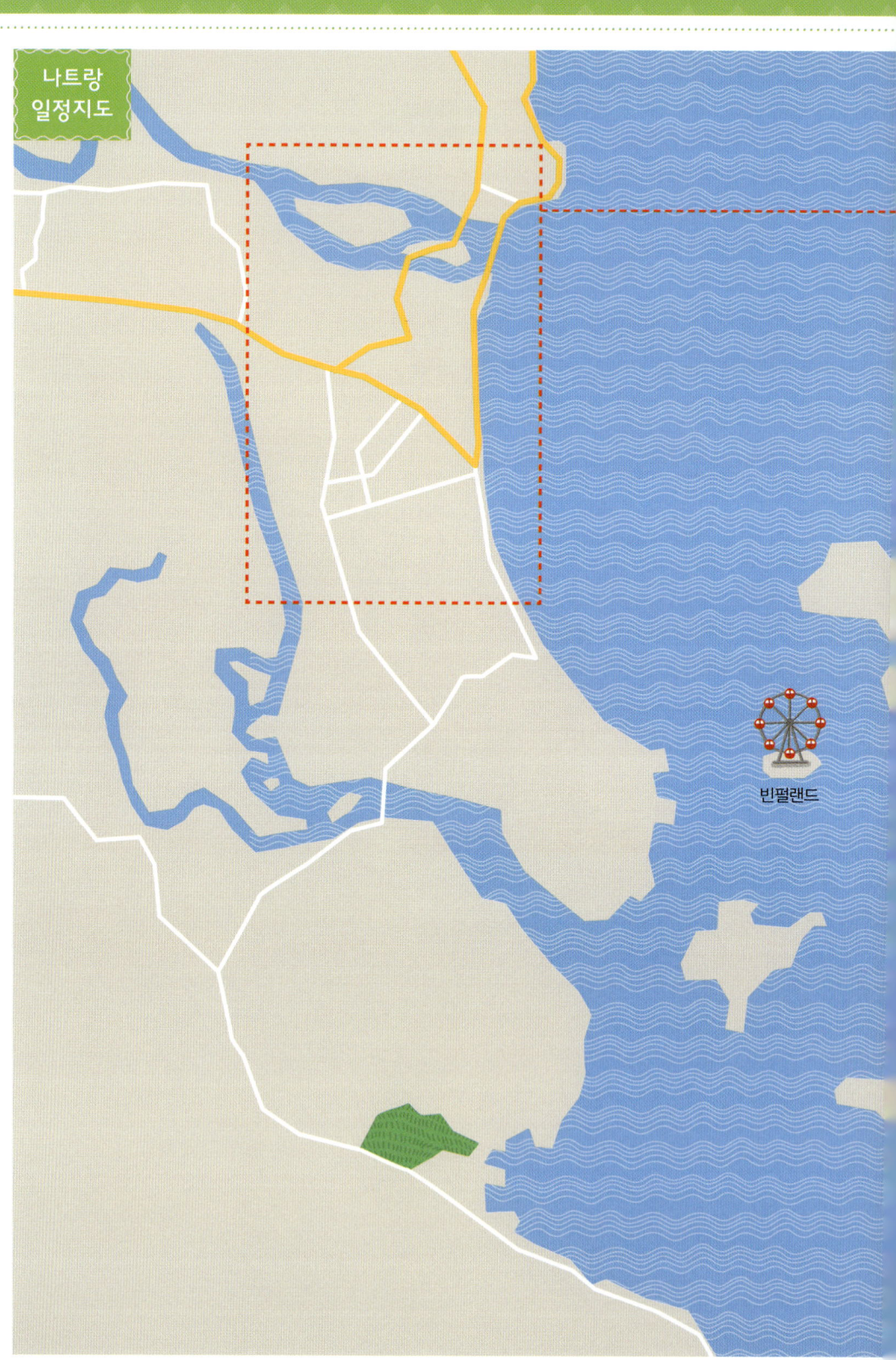

나트랑
일정지도

빈펄랜드

뽀나가르 참탑

덤시장

롱선사

나트랑 센터

나트랑 대성당

그릴가든

나트랑 야시장

쭉린 2
I like food
가네쉬

옌스

못섬

문섬

나트랑을 알차게 즐기려면
꼭 알아야 할 것들

1. 〈내셔널 지오그래픽〉이 선정한 휴양지, 나트랑

호치민에서 북동쪽으로 약 450km쯤 떨어진 나
트랑은 연중 300일 이상의 맑은 날씨, 6km에
달하는 백사장, 깨끗한 해변, 일정한 수온, 최고
급 리조트를 두루 갖춘 베트남의 인기 있는 휴
양지다. 이곳은 세계적인 다큐멘터리 잡지 〈내
셔널 지오그래픽〉에서 '꼭 가봐야 할 휴양지'
로 선정되었을 만큼 이국적 풍광과 여유로운 분위기를 자랑한다. 혼째섬(Hon Tre
Island)에서 즐기는 빈펄랜드, 가성비 좋은 스노클링을 즐길 수 있는 호핑투어, 해수
욕 등 나트랑은 천혜의 자연과 최고의 시설을 갖추면서 베트남의 새로운 핫 플레이
스로 자리매김하고 있다.

2. 나트랑으로 가는 방법

항공으로 이동시 한국에서는 대한항공, 베트남 내에서는 국내선을 통해 나트랑으로
갈 수 있고, 그 외 기차·오픈버스·슬리핑버스를 이용해 가는 방법도 있다.

비행기로 이동하는 방법
인천발 나트랑행 대한항공이 주 4회 운항되며, 베트남 내 국내선으로 이동할 경우
베트남항공, 비엣젯에어, 젯스타를 이용해 나트랑 깜란국제공항까지 갈 수 있다. 깜
란국제공항에서 나트랑 시내로 이동하는 방법은 택시·여행사 또는 호텔 픽업서 비

스·미니버스(공항셔틀) 등이 있다. 공항에서 나트랑 시내까지 약 35km(40~50분 이동) 거리이며, 비용은 택시가 55만 동(미터기 이용), 미니버스가 7만 동 정도다. 미니버스 티켓은 공항 출국장 버스 티켓부스에서 구입할 수 있다. 다만 밤늦은 시간에 도착하면 미니버스는 이용할 수 없다.

신투어리스트 오픈버스로 이동하는 방법

쾌적한 신투어리스트 버스는 현지 여행사나 홈페이지에서 예약할 수 있다. 홈페이지 예약시 결제를 완료하면 예약번호가 보이며, 이메일로 티켓 예약번호와 교환권을 받을 수 있다. '호이안 → 나트랑' 구간은 12시간 정도 소요된다.

◆ **홈페이지:** www.thesinhtourist.vn ◆ **비용:** 39만 9천 동 ◆ **운행구간:** ①나트랑 → 달랏 → 호치민 ②나트랑 → 호이안 → 다낭 → 후에 →하노이 ③나트랑 → 무이네 → 호치민

슬리핑버스로 이동하는 방법

베트남 여행자들이 흔하게 이용하는 방법 중 하나로 현지 여행사나 호텔 리셉션에서 예약할 수 있다. 비용도 오픈버스보다 저렴하다. '나트랑 → 호치민' 구간은 14시간 정도 소요되며, 자세한 시간이나 운행구간 정보는 호텔 리셉션이나 여행사에서 얻을 수 있다.

◆ **비용:** 32만 동 ◆ **운행구간:** ①나트랑 → 달랏 → 호치민 ②나트랑 → 호이안 →다낭 → 후에 → 하노이 ③나트랑 → 무이네 → 호치민 ④나트랑 → 달랏 ⑤나트랑 → 무이네'

기차로 이동하는 방법

우리나라에 비해 시설이 낙후된 베트남 기차는 의자(hard, soft)와 침대(4인용, 6인용)에 따라 구분된다. 티켓 구매는 여행사 또는 출발지 기차역을 방문하거나 홈페이지에서 할 수 있다. 다낭에서 나트랑까지는 10시간 정도, 호치민에서 나트랑까지는 8시간 정도 소요된다.

◆ **홈페이지:** vietnam-railway.com ◆ **다낭역 주소:** 202 Haiphong St.

3. 나트랑 교통

나트랑은 도시가 작으므로 도보로 이동하거나 시내버스를 이용하면 된다. 다만 탑바온천 같은 외곽 지역 관광시 오토바이를 렌트하거나 택시를 이용하는 것이 좋다.

택시

녹색 마일린이나 흰색 비나선, 노란색 티엔사 택시를 이용하는 것이 좋다. 일반적으로 6만~10만 동이면 이동이 가능하다. 다만 나트랑의 덤시장 방문시 외곽 지역의 다른 시장으로 데려다주는 등 혼선이 생기는 경우도 있으니 주의하자.

시내버스

4번 버스는 뽀나가르 참탑·덤시장·나트랑 대성당·여행자거리·빈펄랜드를 지나며, 시내에서 2번 버스를 타면 롱선사까지 이동한다. 또한 뽀나가르 참탑에서 6번 버스를 타면 시내나 롱선사까지 이동할 수 있다.

◆비용: 7천 동 ◆운행시간: 06:00~19:00

오토바이 렌트

도시의 규모가 작은 나트랑이지만 더운 여름에 여행을 할 경우 도보보다 오토바이로 이동하는 것이 더 바람직하다. 다만 오토바이 천국인 베트남은 오토바이 사고 빈도가 높기 때문에 항상 주의해야 한다.

◆렌트비용: 1일 20만 동 이내

4. 나트랑 마사지

베트남 여행에서 가장 많이 접하는 것이 마사지숍이다. 한국보다 저렴한 가격으로 마사지를 받을 수 있어 여행자들의 필수코스가 되었다.

코코넛(Coconut) 마사지

나트랑센터 2층에 위치하며 코코넛 공장에서 직접 가지고 온 100% 코코넛 오일을 사용해 마사지를 하는 곳이다. 접근성이 좋고 무엇보다 한국인이 운영하는 곳이라 낯선 여행지에서 좀더 편하게 마사지를 받을 수 있다. 마사지를 받는 순서 또한 자세하게 안내되어 있다.

◆ **이메일**: coconut.footmassage@gmail.com ◆**주소**: 2nd floor Nha Trang Center 20 Tran Phu St. ◆**영업시간**: 09:00~13:00 ◆**가격**: 36만 동(코코넛 오일 마사지 90분)

5. 나트랑 숙소

나트랑 숙소는 대부분 나트랑비치나 나트랑 시내에 잡거나, 나트랑에서 보트로 10분 정도 떨어진 혼쩨섬에 위치한 빈펄 리조트를 이용한다.

5성급 빈펄 리조트 고급 호텔($150~)

빈펄 리조트는 나트랑 시내가 아닌 혼쩨섬에 위치한 리조트로 섬 전체가 리조트 시설로 꾸며져 '빈펄섬'이라고 부르기도 한다. 혼쩨섬으로 들어가는 방법은 깜란국제공항에서 나트랑 시내 선착장까지 이동한 후 스피드보트나 해상 케이블카를 이용한다. 섬에는 빈그룹에서 운영하는 4개의 숙박시설과 빈펄랜드, 언더워터월드인 대형 아쿠아리움, 빈펄 골프 코스 등이 있다. 투숙객은 섬 안의 워터파크·테마파크·스파까지 모든 부대시설을 무료로 이용할 수 있다. 빈펄 리조트는 동남아 최대 복합 리조트로 '가족여행객들의 천국'으로 불리고 있다. 빈펄 리조트는 풀빌라 형식과 호텔 형식의 스파 리조트, 이렇게 2가지 형태가 있으며, 나트랑에서 며칠 동안 휴식을 취하고자 하는 사람들에게 추천된다.

◆ **홈페이지:** www.vinpearl.com

◉ 빈펄 리조트 내 숙박시설 종류

▶빈펄 럭셔리 나트랑(Vinpearl Luxury Nha Trang)

2011년에 오픈했고 모두 풀빌라로 조성되어 있다. 84개의 객실은 그랜드 듀플렉스·듀플렉스·비치프론트·가든빌라 등으로 구분된다. 세련된 침실, 독점적인 개인 보호구역 보장, 전용 비치를 연결하는 발코니 등 뛰어난 시설을 제공한다. 가족여행객들을 위한 맞춤형 숙박시설이다.

◆ **이메일:** res.VLNT@vinpearl.com

▶빈펄 나트랑 리조트(Vinpearl Nha Trang Resort)

2003년에 오픈한 리조트로 빈펄비치까지 도보로 이동이 가능하며 빈펄랜드와도 가깝다. 일반 리조트 객실과 빌라 형태가 있으며, 일반 리조트 객실은 이그제큐티브(Executive)와 디럭스(Deluxe)로 구분된다. 완벽한 시설과 고급스러운 양식의 객실을 자랑한다. 리조트 내 식당에서는 베트남 전통 음식을 즐길 수 있다. 빈펄 리조트 내의 숙박시설 중 가장 낮은 가격으로 이용할 수 있다.

◆ **이메일:** info.VPLNTR@vinpearl.com

▶빈펄 나트랑 베이 리조트 앤 빌라(Vinpearl Nha Trang Bay Resort & Villas)

2015년에 지어진 신축 건물로, 가운데 483개의 호텔 객실 빌딩을 기준으로 좌우에 173개의 풀빌라가 조성되어 있다. 가족여행객들을 위한 최적의 장소로 다양한 부대시설을 갖추고 있다. 아름다운 만에 지어진 빌라가 자랑이며 넓은 객실과 키즈클럽, 5개의 식당, 그리고 화이트 비치가 내려다보이는 수영장이 있다.

◆ **이메일:** info.VPLNTRV@vinpearl.com

▶빈펄 골프랜드 리조트 앤 빌라(Vinpearl Golf Land Resort & Villas)

골프 코스 주위에 403개의 룸 리조트가 있고, 현재 417개의 개인 풀빌라가 공사 중이다. 고급스러운 대리석 조각들로 장식되어 있으며, 수많은 레스토랑이 있어 골프장을 이용하는 관광객들에게 편리한 시설이다.

◆ **이메일:** res.VPLGLRV@vinpearl.com

Tip 1

빈펄 리조트 예약

빈펄 리조트는 풀보드시스템으로 예약하거나 객실+조식 포함 시스템으로 예약할 수 있다. 인터넷으로 빈펄 리조트 예약시 풀보드시스템인지, 조식만 포함된 것인지 반드시 확인해야 한다.

빈펄 리조트 풀보드(Full Board)시스템: 빈펄 리조트 풀보드시스템으로 예약시 하루 3끼 뷔페가 제공되며, 빈펄랜드(워터파크·놀이동산)를 무제한 무료로 이용할 수 있다.

객실+조식 포함 시스템(빈펄랜드 불포함): 빈펄랜드(워터파크·놀이동산) 이용시 할인 적용을 받을 수 있다.

Tip 2

빈펄 리조트 들어가는 방법

▶**스피드보트 터미널에서 보트를 타고 들어가는 방법**

① 공항에서 택시로 빈펄 스피드보트 터미널(Vinpearl SpeedBoat terminal)로 이동한다.

② 빈펄 스피드보트 터미널 내의 리셉션에서 체크인 수속을 밟는다. 체크인 수속 후 객실 카드키를 받는다. 객실 카드키는 객실·스피드보트·빈펄랜드·레스토랑 입장시 사용하기 때문에 항상 소지해야 한다. 본인의 짐은 빈펄 스피드보트 터미널 리셉션에 맡기고 짐 보관증을 받는다.

③ 스피드보트 탑승 후 혼째섬으로 이동한다(선착장에서 혼째섬까지 약 10여 분 소요). 보트는 24시간 운행하며 주간에는 15분, 야간에는 30분 간격으로 출발한다.

④ 혼째섬 도착 후 객실 카드키로 개찰구를 통과하고 본인이 투숙할 리조트행 골프카를 타고 리조트로 이동한다.

⑤ 리조트 도착 후 리셉션에서 2차 체크인을 하고 난 뒤에 짐 보관증을 벨보이에게 주면 짐을 객실로 옮겨준다.

▶**케이블카 스테이션에서 케이블카를 타고 들어가는 방법**

해상 케이블카는 나트랑 시내 호텔 투숙객 중 혼째섬의 빈펄랜드 방문자, 빈펄 리조트 내 4개 숙박시설 이용객 중 나트랑 시내 구경을 위해 나트랑 시내를 왔다 갔다 할 사람들이 주로 이용한다.

나트랑비치와 나트랑 시내 5성급 고급 호텔($130~)

▶퓨전 리조트(Fusion Resort)

풀빌라는 1베드·2베드·4베드 형태로 구분되어 가족여행객들에게 좋다. 수영장과 해변은 바로 연결되어 있고, 1일 2회 스파 무료권을 제공한다. 조식은 룸서비스도 가능하며, 나트랑 시내로 1일 3회 차량을 운행한다.

◆홈페이지: www.fusionresortnhatrang.com

▶미아 리조트(Mia Resort)

주방시설이 갖추어진 콘도 형태의 객실과 풀빌라 형태의 객실로 나뉘어 있다. 키즈클럽·수영장 등의 부대시설이 있고, 조식은 룸서비스가 가능하다. 나트랑 시내까지 셔틀버스도 운행한다.

◆홈페이지: www.mianhatrang.com

▶쉐라톤 나트랑 호텔(Sheraton Nha Trang Hotel & Spa)

전 객실이 오션뷰로 조성되어 있어 어디서든 아름다운 해변을 볼 수 있다. 특히 28층에 위치한 스카이라운지는 최고의 전망을 자랑한다.

◆홈페이지: www.sheratonnhatrang.com

▶인터컨티넨탈 나트랑 호텔(Intercontinental Hotel)

2014년에 오픈해 시설이 깨끗하고 규모도 크다. 호텔은 전 객실이 오션뷰로 조성되어 있으며 해변에 마련된 태닝베드와 방갈로는 호텔 투숙객이라면 누구나 무료로 이용 가능하다.

◆홈페이지: www.nhatrang.intercontinental.com

▶베스트 웨스턴 프리미어 하바나 호텔(Best Western Premier Havana Nha Trang)

시내 중심지에 위치해서 이동하기 편하고, 바다를 볼 수 있는 조망시설이 좋다. 특히 5층에 마련된 수영장에서 바라보는 바다의 모습은 최고다. 시설이 좋아 가격 대비 최고의 가성비를 자랑한다.

◆홈페이지: www.havanahotel.vn

▶무응탄 나트랑센터 호텔(Moung Thanh Nha Ttrang Centre Hotel)

나트랑의 이정표 같은 호텔로 시내 중심지에 위치한다. 해변까지는 도보로 100여m 정도 떨어져 있으며 현대적 시설을 갖춘 최고급 호텔이다.

◆홈페이지: www.luxurynhatrang.muongthanh.com

3~4성급 중급 호텔($40~)

▶그린 월드 호텔(Green World Hotel)

시내에 위치한 호텔로 나트랑 대성당·박물관으로 쉽게 이동할 수 있다. 깨끗한 객실을 자랑하며 총 201개의 객실을 보유하고 있다.

◆홈페이지: www.greenworldhotelnhatrang.com

▶다이아몬드 베이 호텔(Diamond Bay Hotel)

도보로 2분 거리에 나트랑 해변이 있다. 야외수영장이 있으며 친절한 직원과 높은 서비스를 자랑한다.

◆홈페이지: www.diamondbayhotel.com

▶하노이 골든 호텔(Hanoi Golden Hotel)

나트랑비치는 보이지 않지만 여행자거리가 근처에 있어서 이동이 용이하다. 호텔 객실은 가격 대비 깨끗하고, 옥상에 작은 수영장도 마련되어 있다.

◆홈페이지: hanoigoldenhotel.com.vn

▶아시아 파라다이스 호텔(Asia Paradise Hotel)

시내 중심가에 위치해 있으며 완벽한 시설의 객실과 사우나·실외수영장·스파 등의 부대시설을 갖추고 있다.

◆홈페이지: www.asiaparadisehotel.com

▶나트랑 팰리스 호텔(Nha Trang Palace Hotel)

나트랑 시내에 위치해 있고 총 168개의 객실을 갖추고 있으며, 현대적인 스타일과 고전적인 스타일이 혼합된 유럽풍의 호텔이다.

◆홈페이지: www.nhatrangpalace.vn

▶에델레 호텔(Edele Hotel)

2014년에 오픈한 신축 건물로 나트랑 중심가에 있으며, 신투어리스트 여행사와 식당 등이 가까이에 위치해 있다. 나트랑 해변까지 도보로 10분 거리다.

◆홈페이지: edelehotel.vn

알찬 가격의 숙소($10~40)

▶화이트 라이언 2 호텔(White Lion 2 Hotel)

시내 중심가에 위치하며 가격이 저렴한 편이라 배낭여행자에게 인기가 많다. 객실은 도미토리·싱글·더블 등으로 나뉘어 있으며 가격 대비 가성비가 좋은 호텔이다.

◆주소: 4A Biet Thu Street

▶CR 호텔(CR Hotel)

가격 대비 시설이 좋아 알찬 숙소를 찾는 여행자들에게 인기가 많다. 해변까지는 도보로 10분 거리다.

◆홈페이지: www.crhotelnhatrang.com

베트남의 숨겨진 보물여행,
나트랑 시티투어(1일차)
Nha Trang City Tour

제주도 면적의 1/7밖에 되지 않는 나트랑은 관광 목적보다는 휴양차 쉬고 먹고 놀기 위해 오는 여행객이 대부분이다. 여유롭게 리조트에서 유유자적하는 것도 좋지만, 나트랑에도 볼거리가 많으니 한 번쯤 나트랑 시내를 구경하는 것이 좋다.

나트랑 시내로 나오면 리조트 안에서와는 달리 베트남 인구의 80%가 타고 다닌다는 오토바이 경적소리와 엔진소리로 시끄러울 수는 있지만 가장 가까이서 베트남 현지인들의 삶을 엿볼 수 있다. 대표적인 볼거리로는 크메르 왕국의 아름다운 건축미를 간직한 뽀나가르 참탑, 나트랑에서 가장 오래된 사찰인 롱선사, 나트랑 시내에서 가장 큰 쇼핑몰인 나트랑센터, 오랜 역사를 간직한 나트랑 대성당, 현지인들의 생생한 삶의 현장인 덤시장 등이 있다. 여기에 해가 뉘엿뉘엿 넘어갈 때면 나트랑

야시장을 찾아 지인들에게 줄 선물도 사고, 나트랑의 밤도 즐길 수도 있다. 안 보면 서운한 나트랑 시내! 나트랑 시티투어로 나트랑 여행의 묘미를 더해보자.

Tip

나트랑 시내 관광시 시내버스를 이용하는 것도 방법이다. 시내 버스는 정찰제이며, 무엇보다 베트남 다른 도시에 비해 에어컨 시설을 갖춘 쾌적함이 특징이다.

동영상 숨겨진 보물 여행 '나트랑 시티투어'

✏️ 느낌 한마디

어느 나라든지 해변 도시의 사람들은 친절하다. 나트랑도 마찬가지였다. 4번 버스를 탑승했지만 버스 안내양이 다른 방향의 4번 버스를 탑승했다며 다시 타야 할 곳을 정말 친절히 안내해주었다. 또한 한 달 넘게 베트남 전역을 구경했지만 나트랑 시내버스처럼 시원하고 쾌적하긴 처음이었다. 나트랑은 마치 10년 동안 살았던 멕시코 칸쿤을 연상하게 했다. 후텁지근한 바람, 하지만 해변을 끼고 즐비하게 늘어선 호텔들, 그리고 전혀 지겹지 않은 시내 볼거리가 있었다. 뽀나가르 참탑은 휴양지 속의 역사적 유물을 보는 기분이었고, 롱선사에서 바라보는 나트랑 시내는 입을 벌어지게 했다. 언덕 위에 마련된 나트랑 대성당은 고요하다못해 숙연하기까지 한 멋진 모습이었다. 해변을 끼고 자리한 나트랑센터 2층의 시티마트는 여행자들의 먹거리와 쇼핑을 위한 최적의 장소였다. 나트랑 시내는 한번 둘러보면 그림이 그려질 정도로 멋진 구도를 갖춘 그런 곳이었다. 지나치면 섭섭했을 나트랑 시내투어! 나트랑을 찾는 여행자들의 필수 코스였다.

나트랑 시티투어

어떻게 가야 할까?

▶ 택시로 이동하는 방법

나트랑 시내는 작은 마을처럼 구역이 작다. 더운 날씨에 목적지로의 이동이 불편하다면 미터기가 달린 택시를 추천한다. 목적지까지 이동하는 데 6만~8만 동(한화 2천~4천 원)이면 충분하다. 친구와 함께 온 여행객이나 가족 단위 여행객이라면 택시를 이용하는 것이 좀더 효율적이다.

▶ 시내버스로 이동하는 방법

시내버스 비용은 7천 동이며, 운행시간은 06:00~19:00이다.
◆ 4번 버스 노선: 뽀나가르 참탑·덤시장·나트랑 대성당·여행자거리·빈펄랜드 등을 지난다.
◆ 2번 버스 노선: 시내에서 2번 버스를 타면 롱선사까지 이동할 수 있다.
◆ 6번 버스 노선: 뽀나가르 참탑에서 6번 버스를 타면 시내나 롱선사까지 이동할 수 있다.

▶ 시내버스와 택시로 나트랑 시티투어하는 방법

4번 버스로 덤시장과 뽀나가르 참탑까지 이동 → 뽀나가르 참탑에서 6번 버스로 롱선사까지 이동 → 롱선사에서 도보로 나트랑 대성당까지 이동 → 택시로 나트랑센터로 이동 → 도보로 나트랑 야시장까지 이동

나트랑 시티투어
어떻게 즐겨볼까?

덤시장(쪼 덤, CHỢ ĐẦM)

원형 건물로 된 나트랑 최대 규모의 야외 재래시장이다. 새벽부터 시장에 방문하는 현지인과 관광객들로 붐빈다. 바다를 끼고 있는 나트랑 지역 특성상 신선한 각종 해산물과 건어물을 판매하고 있으며 옷·악세서리 등의 잡화점과 망고·두리안 등의 풍부한 열대과일 등 다양한 볼거리와 먹을거리가 있다. 덤시장에서 쉽게 즐길 수 있는 길거리표 쌀국수는 베트남 여행의 덤이다.

주소: Vạn Thạnh, NHA Trang **오픈시간:** 06:00~18:00

Tip

덤시장으로 이동하는 4번 시내버스는 나트랑 시내 화이트 라이온 2(White Lion 2) 호텔 앞 버스 정류장에서 탑승할 수 있다.

동영상
나트랑 최대 재래시장
'덤시장'

뽀나가르 참탑(탑 바 뽀나가르, Tháp Bà Ponagar)

1,300년 동안 베트남 중남부를 지배했던 참족인 참파 왕국이 9세기에 세운 유적지로 시바신의 부인인 10개의 팔을 가진 여신 뽀나가르를 모시고 있다. 대부분의 사원이 화재와 전쟁으로 소실되어 10세기 이후에 재건되었지만 유물과 유적들이 거의 남아 있지 않다. 현재 3개의 탑 중 높이 25m의 중심탑에는 4개의 팔을 가진 여신 파르바티의 부조가 새겨져 있다. 탑 안에는 11세기 중반에 만든 뽀나가르 여신상과 제단이 있고, 인도 시바신의 상징물인 남성의 성기 모양의 '링가'가 있다. 뒤쪽에는 조각품과 사진이 전시된 전시관이 있다. 나트랑 시내를 한눈에 바라볼 수 있는 뽀나가르 참탑은 나트랑 여행자들이 가장 많이 찾는 곳이다.

참파 왕국의 유적지
'뽀나가르 참탑'

주소: Hai Tháng Tư, tp. Nha Trang **오픈시간:** 06:00~18:00 **입장료:** 2만 2천 동

Tip 1

뽀나가르 참탑 방문시 탑바온천에 들러 머드스파를 즐기는 것도 나트랑 최고 코스 중 하나다. 탑바온천은 뽀나가르 참탑에서 택시로 10분 거리에 있다.

Tip 2

뽀나가르 참탑을 나온 후 왼쪽으로 이동해 버스 정류장에서 6번 버스를 타면 롱선사로 이동할 수 있다.

롱선사(쭈어 롱선, Chùa Long Sơn)

1886년 언덕 위에 세워졌다가 1900년 태풍 피해로 지금의 자리로 이동했다. 본당 앞에 용이 화려하게 장식되어 있으며 중국식 사원의 특징이 담겨 있다. 152개의 계단을 오르다보면 왼쪽에 태국으로부터 선물받은 높이 14m의 와불상이 있고, 정상에는 높이 24m의 좌불상이 있다. 좌불상 아래의 연꽃 좌대에는 불교탄압정책에 항거해 소신공양을 했던 틱꽝득 스님의 부조가 있다. 나트랑 시내와 아름다운 해변의 모습을 한눈에 감상할 수 있는 롱선사는 나트랑 최고의 관광명소 중 하나다.

나트랑의 고찰
'롱선사'

주소: Phật Học, Phương Sơn, tp. Nha Trang **입장료:** 무료

Tip

롱선사를 나오면 길거리에 코코넛을 판다. 시원한 코코넛 한 잔으로 나트랑의 무더위를 날려보자.

나트랑 대성당(나 토 판 토아 끼토 부어, NhàthờChánh Tò KitôVua)

프랑스 식민시대였던 1928년에 공사를 시작해 1933년에 완공된 성당이다. 입구 정문 기둥 위에는 성 미카엘 대천사상이 있는데, 미카엘 대천사가 악마의 몸과 머리를 두 발로 밟고 있는 모습이다. 정문을 통과하면 성당의 오른쪽 경사면 벽에 많은 명판이 있다. 이 명판은 인근 기차역 확장 공사를 진행하다가 발굴된 천주교 묘지의 유해 명판이다. 성당 내부의 십자가상 위에 있는 중세풍의 스테인드글라스가 인상적이다.

주소: 31 Thái Nguyên, Phước Tân, tp. Nha Trang **오픈시간:** 05:00~17:00

Tip

롱선사에서 도보로 나트랑 대성당까지 이동하는 방법

 >  >

① 롱선사를 나와 왼쪽으로 직진하면 로터리 앞에 FPT숍 건물이 있다. FPT숍 건물을 가운데 두고 오른쪽 길로 직진한다.

② 나트랑 기차역과 롯데시네마 건물을 지난다.

③ 로터리가 나올 때까지 쭉 직진하면 오른쪽에 나트랑 대성당이 있다.

나트랑센터(Nha Trang Center)

나트랑 시내에서 가장 큰 쇼핑센터로 나트랑 여행 후 지인들의 선물을 사기 위해 많이 찾는 곳이다. 롯데리아·쇼핑숍·오락실 등이 있다. 2층에는 CITI MART가 있으며 마트 옆에는 한국 여행객들이 많이 찾는 코코넛 마사지숍이 있다. 3층 푸드 페스티벌 코너에서는 나트랑비치를 보면서 식사를 즐길 수 있다.

주소: 20 Trần Phú, TP. Nha Trang **오픈시간:** 09:00~22:00

Tip

여행자들이 나트랑센터에서 가장 많이 이용하는 곳은 시티마트(Citi Mart)다. 베트남 여행의 쇼핑 리스트 품목·생수·간식거리가 풍부하게 갖추어져 있다. 호핑투어, 빈펄랜드 일정 전날 시티마트를 방문해 간식거리를 사는 것은 알찬 나트랑 여행을 위한 덤이다.

해가 지는 오후가 되면 나트랑 야시장이 조명으로 불을 밝힌다. 다른 베트남 도시에 비해 규모가 작은 편이지만 의류·신발·액세서리·말린 과일·간식 등 다양한 물품들로 새로운 볼거리를 제공한다. 해변 반대쪽 마지막 코너에는 가장 유명한 간식 쩨(Che), 베트남 빙수도 판매한다. 야시장은 응엔 티 민 카이 거리 바로 앞에 위치해 있다.

뽀나가르 참탑

나트랑 섬들의 여행,
호핑투어(2일차)
Hoppong Tour

호핑투어는 나트랑 시내 선착장에서 출발해 베트남 최초의 해양보호구역으로 선정된 문섬(Mun Island)과 못섬(Mot Island), 그리고 패러세일링과 제트스키 등의 해상 스포츠를 즐길 수 있는 짠섬(Tranh Island) 등의 무인도를 돌며 스노클링과 선상파티를 즐기는 프로그램이다. 특히 선상파티는 전 세계에서 온 여행자들이 가장 가까워질 수 있는 시간이다. 알찬 가격의 호핑투어는 형형색색의 물고기, 환상적인 바다, 다양한 볼거리를 제공해 나트랑 여행의 또 다른 즐거움을 만끽할 수 있다.

이용 안내

◆**호핑투어 예약:** 나트랑 시내 여행사나 숙소 리셉션에서 예약할 수 있다. ◆**소요시간:** 9:00~17:00 ◆**비용:** 15만 동 ◆**포함내역:** 호텔 픽업, 보트승선, 스노클링 장비, 중식 ◆**불포함내역:** 섬 입장료, 음료, 제트스키, 패러세일링, 아쿠아리움 입장료

Tip

호핑투어시 수영복을 갈아입을 수 있는 탈의실이 따로 마련되어져 있지 않기 때문에 호텔에서 수영복을 착용한 후 이동해야 한다. 또한 중식 외 먹을거리를 제공하지 않으니 생수나 간단한 간식거리는 미리 준비하는 것이 좋다.

동영상 나트랑 무인도 여행 '호핑투어'

✎ **느낌 한마디**

예약시 저렴한 가격에 놀라고 당일 알찬 프로그램에 또 놀란 것이 호핑투어다. 출발 전 선착장에선 진풍경이 연출된다. 나트랑 여행자들이 모두 호핑투어에 온 것 같다. 인산인해를 이룬 여행자들을 일사분란하게 배에 탑승시킨다. 아름다운 바다와 주위 풍광에 놀라며 이동하는 내내 카메라 셔터를 눌러본다. 호핑투어는 무려 3곳의 섬을 관광하는 하루 종일 코스였다. 스노클링도 하고, 해변에서 수영도 즐긴다. 무엇보다 나라별로 참석한 선상파티에선 여행자들의 웃음을 위해 최선을 다하는 현지인들의 모습에서 감동마저 느껴진다. 특히 일부 여행지와 다르게 추가 옵션을 강요하지 않는 것도 좋았다. 호핑투어는 나트랑 여행시 꼭 즐겨야 할 코스다.

호핑투어
어떻게 가야 할까?

① 예약 업체에서 호텔로 픽업 서비스한다.

② 출발 선착장에 도착한다.

③ 구명조끼 착용 후 출발한다.

호핑투어
어떻게 즐겨볼까?

찌응위엔(Tri Nguyen) 수족관
바다 열대어를 구경할 수 있는 아쿠아리움으로, 추가 경비를 지불해야 한다. 아쿠아리움을 관람하지 않는 사람들에게는 휴식시간이 주어진다.

입장료: 1인 9만 동

문섬(Mun Island)
바닷물이 맑기로 소문난 청정구역으로, 베트남 최초의 해양보호구역으로 선정된 곳이다. 2시간의 스노클링 시간이 주어진다. 추가 경비를 지불하면 스쿠버다이빙까지 즐길 수 있다.

스쿠버다이빙 비용: $50

> **Tip**
>
> 호핑투어 참석시 스노클링과 해변에서의 수영을 손쉽게 즐기기 위해 신발은 슬리퍼 착용을 추천한다. 귀중품 보관 장소는 따로 마련되어 있지 않기 때문에 시계·악세서리 등은 착용하지 않고 참석하는 것이 좋다.

못섬(Mot Island)

선상에서 점심식사를 하며, 추가 경비를 지불하면 랍스타나 성게 등도 먹을 수 있다. 점심식사 후 선상파티를 진행하며 파티 진행시 각국의 여행객들이 돌아가며 노래자랑을 한다.

짠섬(Tranh Island)

트란 미니비치(Tranh Minibeach)에서 휴식을 즐기거나 추가 비용을 내 패러세일링·제트스키·바나나보트를 즐길 수 있다. 섬 입장료는 별도로 구매해야 한다.

배에서 즐기는 흥겨운 파티 '선상파티'

섬 입장료: 1인 3만 동

Tip

선상에선 음료나 맥주 등을 판매하기도 하며, 선상파티중 한국 관광객들을 위해선 빠른 템포의 '아리랑'을 부르도록 유도한다.

나트랑 해변

혼째섬에 위치한 테마파크,
빈펄랜드(3일차)
Vinpearl Nha trang Land

빈펄랜드는 놀이동산과 워터파크를 동시에 즐길 수 있는 테마파크다. 대부분의 여행객들은 아쿠아리움, 다양한 워터슬라이드와 풀이 가득한 워터파크를 즐기고, 각종 놀이기구·번지점프·오락게임장이 있는 놀이동산을 이용한다. 빈펄랜드는 가족여행객들이 많이 찾는 곳으로, 워터파크 전용 비치는 잔잔한 물결로 어린아이들도 충분히 수영을 즐길 수 있다. 빈펄랜드 이용시 음식물 반입은 금지되지만, 빈펄랜드 내에 롯데리아와 간이음식점이 있어 식사를 해결하는 데 크게 불편하지 않다. 빈펄랜드 워터파크 방문시 라커비용(10만 동)을 절약하기 위해 짐을 들고 불편하게 다니는 여행자들이 있다. 라커는 안전하기 때문에 문제없다. 워터파크를 최대한 즐기기 위해서는 락커를 꼭 이용하자.

이용 안내

◆**출발지점:** 다낭 시내 케이블카 스테이션 ◆**운영시간:** 성수기(6~8월) 9:00~22:00, 비수기(토~목) 8:30~21:00, 비수기(금~토) 8:30~22:00 ◆**비용:** 성인 65만 동, 140cm 이하 55만 동, 1m 이하 무료 ◆**표 구입:** 빈펄랜드 매표소에서 구입 ◆**홈페이지:** vinpearlland.com

Tip

빈펄랜드에서는 워터파크도 즐길 수 있으므로 물놀이를 할 계획이라면 출발시 타월은 준비하는 것이 좋고, 신발은 샌들이나 아쿠아슈즈를 착용하는 것이 편하다.

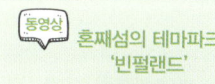
혼째섬의 테마파크
'빈펄랜드'

🖊 느낌 한마디

빈펄랜드의 하이라이트는 세계 최장의 해상 케이블카다. 바다 위를 나는 듯한 기분이었다. 혼째섬은 빈펄만의 왕국이었다. 입구에는 더 화려한 왕국을 건설하기 위한 작업이 한창이었다. 바다를 메우기 위한 덤프트럭이 수없이 돌을 실어 나른다. 먼저 워터파크로 이동한다. 한국의 워터파크처럼 기다리는 데 시간을 보내지 않아 좋았다. 정말 마음껏 워터슬라이드를 즐겨본다. 워터파크 내의 선베드도 따로 돈을 받지 않아 아무 곳에서나 마음껏 휴식을 취할 수 있었다. 놀이동산의 규모는 크지 않았지만 하루를 보내기엔 충분했다. 바쁘게 하루를 보내고 나니 돌아갈 시간이었다. 많지 않은 관광객 덕분에 편하게 즐길 수 있었던 빈펄랜드! 무엇보다 해상 케이블카를 탈 수 있었던 빈펄랜드는 잊지 못할 나트랑 여행의 추억을 만들어주었다.

빈펄랜드
어떻게 가야 할까?

▶ **나트랑 시내에서 4번 버스로 이동하는 방법**

① 버스 정류장에서 4번 버스에 탑승한 후, 종점까지 이동한다. 종점에서 뒤편 빈펄랜드 케이블카 스테이션(Cablecar Station)으로 이동한다.

② 빈펄랜드 입구 매표소에서 표를 구입한다. 4번 버스를 타고 오다보면 버스 기사가 빈펄랜드 입구에 있는 여행사 매표소에서 버스를 정차한다. 여행사에서 표를 구입해도 된다.

③ 케이블카 탑승 전에 가지고 온 짐을 검사하며, 짐 검사가 끝나면 티켓 투입구에 티켓을 투입한 후 케이블카에 탑승한다.

④ 빈펄랜드 도착하면 정면의 돌고래 분수대를 기준으로 놀이기구가 있다.

▶ **나트랑 시내에서 택시로 이동하는 방법**

8만 동 정도의 금액으로 이동이 가능하다.

빈펄랜드

빈펄랜드
어떻게 즐겨볼까?

놀이동산(Amusement Park)

자유드롭·열차·범퍼카·4D영화관 등이 있으며 놀이동산의 모든 놀이기구나 실내 게임존의 오락게임 등은 추가 비용 없이 즐길 수 있다. 실내 게임존은 돌고래 분수대에서 오른쪽으로 직진해 에스컬레이터를 타고 내려가면 된다. 에스컬레이터에서 내리면 오른쪽에 위치해 있다.

알파인 롤러코스터(Alpine Roller Coaster)

빈펄랜드에서 가장 인기 있는 코스로 줄을 서서 기다리는 것은 기본이다. 2명까지 탑승이 가능하며, 정상까지는 천천히 올라가지만 정상에서 내려올 때 속도가 빨라진다. 속도가 빨라지면 브레이크 레버를 이용해 속도를 조절해야 하며, 앞뒤 간의 간격을 충분히 유지해 사고가 나지 않도록 주의해야 한다. 10분 정도 소요되는 알파인 롤러코스터로 스릴 있는 경험을 해보자.

동영상
빈펄랜드의 필수코스
'놀이동산'

위치: 회전목마 옆

아쿠아리움(Vinpearl Underwater World)

무빙워크로 이동이 가능하며 다양한 열대어를 구경할 수 있다. 1일 2회 진행되는 인어공주쇼(11시와 15시)나 물고기 먹이 주는 쇼(10시와 17시)도 잊지 말고 관람해보자.

워터파크

8종류의 워터슬라이드와 키즈풀(Kids Pool)·파도풀(Wave Pool)·유수풀(Lazy River) 등을 이용할 수 있으며, 전용 비치에서는 수영과 휴식도 즐길 수 있다. 워터파크 내의 선베드·파라솔·카바나 등은 무료로 이용할 수 있다. 워터파크 정문을 통과하면 좌측에 유료 라커룸과 샤워시설이 있다. 짐은 라커룸에 보관하고 편하게 다니는 것이 좋다.

동영상 열대어와의 만남 '아쿠아리움'

동영상 빈펄랜드에서 즐기는 물놀이 '워터파크'

라커룸 비용: 1만 동, 보증금 10만 동

식당

롯데리아에서는 간단한 햄버거 종류, 유미랜드 (Yummy Land)에서는 음료를 비롯한 간단한 간식류, 음식점에서는 베트남 음식과 핫도그 등을 판매한다. 빈펄 리조트 투숙객들은 숙소로 돌아가 점심을 해결한 후 다시 빈펄랜드로 돌아오기도 한다.

오션시네마 4D영화관

오션시네마에서는 1일 12회 영화를 상영하므로 워터파크 입장 전 상영시간을 확인하고 이용하도록 한다.

Tip

나트랑에서 즐기는 머드스파, 아이리조트(I –RESORT)

나트랑에서 머드스파를 즐길 수 있는 곳은 탑바온천·에그머드·아이리조트 등이며, 가장 최근에 오픈한 아이리조트 머드스파가 관광객들 사이에서 가장 선호를 받고 있다. 머드스파는 피부와 피로회복에 효험이 좋고 미네랄이 풍부한 진흙을 이용한다. 수영복·타월·개인 라커룸은 현지에서 빌릴 수 있다. 입장료는 다양하지만 대부분의 여행객들은 머드스파와 온천이 포함된 'Hot mineral mud bath'를 이용한다. 온천 내부에는 수영장·인공폭포·머드스파·간단한 놀이시설 등이 있으며, 수영장은 지하수를 담아놓은 곳과 따뜻한 온천수를 담아놓은 곳 등으로 구성된다. 머드스파는 2인용, 4인용 등의 욕조에서 30분 정도 이용할 수 있다. 머드스파를 즐긴 후 샤워하고 다시 야외온천으로 이동할 수 있다. 온천 내 레스토랑이 있어 식사도 가능하다. 머드탕·온천·인공폭포·키즈클럽까지 갖추어진 아이리조트에서 베트남 최고의 머드스파를 즐겨보자.

주소: To 19–Xuan Ngoc–Vinh Ngoc–Nha Trang
오픈시간: 07:00~20:00
비용: Hot mineral mud bath(머드스파와 온천) 30만 동
포함내역: 수영복·타월·개인 라커룸·생수 1병
주의사항: 음식물 반입금지
이동방법: 시내에서 택시 또는 아이리조트 셔틀버스(편도 2만 동)를 이용한다. 셔틀버스는 호텔 리셉션에 문의 후 부탁하면 된다.
홈페이지: www.i–resort.vn

빈펄랜드

골라먹는 재미가 있는 '나트랑 맛집'

여행자들의 1번 맛집, 옌스(YEN'S)

여행자들 사이에서 가장 유명한 식당으로, 다양한 메뉴가 준비되어 있다. 베트남 현지 물가에 비해서 가격이 조금 비싸지만 식당 내부는 가격에 비례해 깔끔하고 음식도 맛있다. 다만 에어컨 시설이 갖추어져 있지 않은 것이 단점이다. 많은 여행자들은 이 집의 메인 메뉴인 모닝글로리·해산물 볶음밥·쉬림프 롤·쌀국수를 즐겨 찾는다.

◆**주소:** 3/2A Trần Quang Khải, tp. Nha Trang ◆**영업시간:** 08:00~23:00
◆**가격:** 모닝글로리 4만 5천 동, 볶음밥 8만 9천 동, 쌀국수 5만 9천 동
◆**홈페이지:** www.yensrestaurantnhatrang.com

다양한 메뉴로 여행자들을 사로잡는 맛집, I like food

골목 안쪽 길거리에 테이블을 비치한 식당이다. 나트랑을 찾는 여행자 중 러시아인들의 회식장소와도 같은 곳이다. 가격은 저렴하며 음식이 맛있다. 맥주 SAIGON은 9천 동(한화 450원)밖에 하질 않아 밤늦은 시간까지 식사와 맥주를 즐기는 여행자들이 많다. 이 집의 주 메뉴는 볶음밥으로, 해산물·돼지고기 등 다양한 볶음밥을 판매한다. 나트랑 여행중 가볍게 맥주 한 잔과 식사를 즐기고 싶다면 이곳을 찾아보자.

◆**주소:** 132/22 Hung Vuong ◆**영업시간:** 08:00~22:00 ◆**가격:** 해산물볶음밥 6만 동, 맥주 SAIGON 9천 동

악어요리와 함께 즐기는 뷔페, 자로뷔페(ZALLO BUFFET)

여행자거리를 걷다보면 가장 좋은 시설로 여행자들의 시선을 사로잡는 곳이 있다. 자로뷔페는 다양한 메뉴가 있는 뷔페전문점이다. 입장하면 팔찌를 채우며 수십 가지가 준비되어 있는 요리를 마음대로 먹을 수 있다. 또한 식당 밖에서 바비큐로 요리되는 악어고기도 먹을 수 있다. 식당 자로뷔페를 찾아 색다른 요리를 즐겨보자.

◆**주소:** 31/E1 Biệt Thự, Nha Trang ◆**영업시간:** 16:00~22:00 ◆**가격:** 성인 25만 동

해산물 요리로 유명한 맛집, 쭉린2(Trúc Linh 2)

쭉린은 나트랑에만 3개의 식당을 가지고 있으며 베트남 전통음식·해산물 요리 등 다양한 메뉴를 갖추고 있다. 입구에서 해산물을 선택해 원하는 요리 형태로 조리해준다. 해산물 요리 중 인기메뉴는 랍스터·생선 등이다. 이 집의 특별 요리 중 하나인 간장 돼지고기 구이는 마치 한국 불고기를 먹는 듯하다. 해산물 이외에도 다양한 메뉴가 갖추어진 여행자거리의 맛집 쭉린에서 맛있는 한 끼를 즐겨보자.

◆**주소:** 184 Biệt Thự, Lộc Thọ, tp ◆**영업시간:** 08:00~23:00 ◆**가격:** 오징어 5만 5천 동

나트랑의 가장 알찬 음식점, 홍덕(Hồng Đức)

깨끗한 시설은 아니지만 항상 여행자들로 붐비는 맛집이다. 햄버거·쌀국수·볶음밥 등 메뉴가 다양하다. 무엇보다 합리적인 가격, 친절한 서비스, 맛있는 음식으로 누구나 즐거운 식사를 즐길 수 있다. 볶음밥의 쌀밥은 찰지고, 햄버거의 고기는 육질이 풍부하며, 스테이크는 맥주 안주로 그만이다.

◆주소: 176 Hung Vuong ◆영업시간: 9:30~21:30 ◆가격: 스테이크 4만 동, 볶음밥 5만 동

베트남에서 맛보는 인도 음식, 가네쉬(Ganesh)

베트남 음식이 지겨울 때는 가네쉬를 찾아보자. 가네쉬는 베트남 전역에 지점을 가지고 있는 체인 레스토랑이다. 인도 음식을 판매하며 맛 또한 일품이다. 무엇보다 직원들의 서비스가 좋고, 가게 시설도 깨끗해 제대로 된 인도 음식을 즐길 수 있다. 맛있고 합리적인 가격의 가네쉬에서 인도의 전통음식을 즐겨보자.

◆주소: 82 Nguyen Thien Thuat St ◆영업시간: 11:00~22:00 ◆가격: 치킨 타카 10만 8천 동, 라이스 2만 8천 동

가격 대비 푸짐한 양, 랜턴 레스토랑(Lanterns restaurant)

베트남식 숯불구이로 유명한 식당이다. 테이블마다 마련된 숯불 위에 양념된 고기를 얹어 구워 먹는 숯불구이 전문점이다. 좌석이 좁고, 에어컨이 없다는 단점이 있지만 맛과 직원들의 서비스에 있어서 여행자들 사이에서 가장 좋은 점수를 받는 곳이다. 양념구이 외에도 쌀국수·볶음밥 등 베트남 전통음식도 판매하고 있다. 해피아워(14:00~16:00)에 방문하면 더 저렴하게 음식을 즐길 수 있다.

◆주소: 34/6 Nguyễn Thiện Thuật, Tân Lập, Tp. Nha Trang, Khánh Hòa ◆영업시간: 07:00~22:00 ◆가격: 해산물 볶음밥 8만 3천 동 ◆홈페이지: www.lanternsvietnam.com

분위기 만점의 뷔페식당, 그릴가든(Grill Garden)

최근에 오픈한 야외식 뷔페식당으로 쭉린 맞은편에 위치해 있다. 나트랑을 찾는 여행자들이 가장 많이 즐기는 음식이 뷔페식 숯불구이이다. 그릴가든도 뷔페식으로 다양한 고기와 해산물이 준비되어 있다. 가격도 적당해 많은 여행자들이 정거장처럼 찾는 곳이다.

◆주소: 21 Biet Thu – Nha Trang ◆영업시간: 17:00~22:00 ◆가격: 성인 22만 동

『난생 처음 다낭』
저자 심층 인터뷰

Q 『난생 처음 다낭』을 소개해주시고 독자들에게 전하고 싶은 메시지는 무엇인지 말씀해주세요.

A 요즘만큼 사람들이 해외여행을 많이 떠난 적이 있었을까요? 특히 저가 항공이 많아지면서 누구나 저렴한 비용으로 손쉽게 해외여행을 떠날 수 있게 되었습니다. 하지만 아직도 여행사 직원과 함께 떠나는 여행만 고집하고, 홀로 떠나는 자유여행은 걱정하는 사람들이 많습니다. 그 이유는 언어를 비롯한 낯선 환경에 대한 두려움 때문입니다. 이 책은 다낭을 처음 가는 사람들도 큰 어려움 없이 혼자 여행할 수 있도록 마치 현지 가이드가 옆에서 자세히 안내하듯 꼭 필요한 내용만을 소개한 안내서입니다. 목적지로 이동하는 방법부터 여행지에서 꼭 먹어봐야 할 음식과 볼거리까지 자세하게 소개했습니다. 해외여행을 자주 다니지만 여전히 처음 가는 곳이 낯설고 두렵다면 이 책과 함께 떠나보시기 바랍니다. 이 책의 일정대로만 움직여도 알차고 즐거운 다낭 여행을 즐길 수 있습니다. 이 책과 함께 자유여행을 습관화하고 많은 경험을 쌓는다면 어떤 해외여행도 문제없이 다닐 수 있을 것입니다.

Q 시중에 많은 다낭 여행 도서들이 있습니다. 이 책은 유사 도서들과 어떤 차이점이 있나요?

A 시중에 나와 있는 백과사전식 정보를 담은 책들은 다양한 정보를 유용하게 접할 수 있다는 장점이 있지만 처음 찾은 여행지에서 무엇이 좋고 나쁜지, 어디를 보고 어디를 버려야 할지 여행자들이 선택하기란 쉽지 않습니다. 이 책은 그런 사람들을 위해 누구나 손쉽게 다낭 여행을 떠날 수 있도록 일정을 미리 짜 놓았고, 현지에서 꼭 봐야 할 것, 꼭 먹어야 할 것들을 수록했습니다. 따라서 여행을 떠나기 전 일정이나 먹을거리를 정하고 짜는 데 스트레스를 받을 필요가 없습니다. 책의 내용만으로도 다낭을 여행하는 데 전혀 아쉬움이 없도록 최고의 볼거리와 먹을거리만 선별해 수록했습니다. 시중의 넘쳐나는 정보에 허우적대는 것보다 핵심만 모아놓은 이 책을 선택하는 것이 여행의 즐거움을 배가하는 가장 적절한 방법입니다.

Q 요즘 베트남 여행지 중 다낭이 핫한 여행지로 각광을 받고 있습니다. 그 이유가 무엇인지 자세한 설명 부탁드립니다.

A 저렴하고 손쉽게 이동할 수 있는 저가항공의 증가와 아직 오염되지 않은 에메랄드빛의 바다, 가까운 곳에 위치한 옛 문화도시 호이안·후에 등을 관광할 수 있다는 것이 다낭의 가장 큰 매력입니다. 또한 다른 휴양도시에 비해 물가가 저렴하다는 장점도 한국 관광객들의 마음을 사로잡는 요인이 아닌가 생각합니다. 그리고 최고급 호텔을 비롯한 부대시설도 잘 갖추어져 있습니다. 일부 휴양도시는 단지 호텔에서 며칠 동안 푹 쉬고 힐링하는, 어쩌면 지루할 수 있는 일정이지만 다낭은 시내관광, 근처에 있는 호이안·후에까지 둘러볼 수 있는 알차고 지루하지 않은 여행 일정을 짤 수 있다는 특징을 가지고 있습니다.

베트남 중부의 가장 핫한 관광지인 다낭은 어떤 계절에 여행을 가면 가장 좋을까요?

 베트남은 연중 무더운 곳이지만 그 중에서도 특히 비가 많이 오고 습한 우기(8~12월)보다는 좀더 시원한 건기(1~7월)에 여행하는 것이 좋습니다. 물론 우기에 비가 와도 1~2시간 정도 스콜형태로 내리기 때문에 여행에는 별 문제가 없지만, 그래도 좀더 쾌적하게 여행을 즐기고 싶다면 날씨도 좋고 해수욕하기에도 불편하지 않은 최적의 시기인 2~6월에 여행하는 것을 추천합니다.

베트남 중부의 넘버원 휴양도시 다낭을 멋지게 소개해주세요.

다낭은 볼거리와 먹을거리로 가득한 곳입니다. 그런데 계획을 잘 짜고 이동하지 않으면 그냥 겉만 보고 돌아올 수 있습니다. 이 책에 소개된 내용처럼 영응사·다낭 대성당·오행산이 있는 다낭 시내 관광, 프랑스인들의 별장이었던 유럽풍의 멋진 건축물을 보유한 바나힐 테마파크, 다낭 근처에 위치하며 아름다운 야경을 볼 수 있어 낮보다 밤이 더 멋진 도시 호이안, 세계적인 문화유산이며 대표적인 유적도시인 후에까지 다낭은 많은 볼거리를 가지고 있습니다. 이런 관광지를 며칠 안에 모두 돌아보는 것은 무리이므로 일정을 잘 짜야 합니다. 또한 휴양도시를 찾았으니 다낭 해변에서의 힐링은 반드시 즐기셔야 합니다. 멋진 호텔에서 바다를 벗 삼아 며칠 동안 힐링하며 보내기에도 손색이 없는 도시가 다낭입니다. 이렇듯 다낭은 볼거리도 많고 여유롭게 휴양을 즐길 수 있는 멋진 곳입니다. 여러분만이 누릴 수 있는 최고의 다낭 여행을 즐기시기 바랍니다.

Q 베트남의 도시 중 다낭처럼 핫한 관광지가 나트랑입니다. 나트랑에 대해서도 자세한 소개 부탁드립니다.

A 나트랑은 아직 한국인에게 많이 알려지지 않은 새로운 천혜의 관광지이며 다낭과 비교해도 전혀 손색이 없는, 아니 오히려 다낭보다 훨씬 더 아름다운 곳입니다. 빈펄 리조트와 빈펄랜드가 있는 혼째섬에서 편하게 휴양을 즐기며 휴식을 취할 수도 있고, 나트랑 시내 해변을 따라 즐비하게 늘어선 호텔존에 투숙하며 관광을 즐길 수도 있습니다. 나트랑 시내에는 1,300년 동안 베트남 중남부를 지배했던 참(CHAM)족인 참파 왕국이 9세기에 세운 유적지 뽀나가르 참탑이 있고, 나트랑 시내와 아름다운 해변 모습을 한눈에 감상할 수 있는 롱손사, 재래시장인 덤시장 등 다양한 볼거리가 있습니다. 특히 호핑투어는 가격 대비 가성비 최고의 관광코스입니다. 볼거리도 풍부하고 천혜의 조건을 갖춘 나트랑은 베트남의 새로운 관광코스로 각광받고 있습니다.

Q 베트남의 대표적인 관광 도시인 다낭과 나트랑 말고 여행 일정에 담은 곳이 호이안과 후에입니다. 이 두 도시도 자세한 소개 부탁드립니다.

A 호이안은 다낭에서 24km 떨어진 작은 도시로 1999년 세계문화유산으로 등재된 곳입니다. 부글라강(江) 어귀에 위치해 지리적 여건으로 일찍부터 국제 무역항으로 발전했고, 중국·네덜란드·포르투갈·일본·인도의 상선이 머물면서 자연스럽게 동서양의 문화가 공존하게 되었습니다. 도시 곳곳에는 고풍스러운 멋이 남아 있어 다낭과 함께 베트남 중부 여행의 가장 핫한 곳입니다.

후에는 베트남의 대표적인 역사·문화도시로 베트남의 마지막 왕조인 응우옌 왕조의 수도였습니다. 후에 건축물 중 16건의 유적이 1993년 베트남 최초로 세계문화유산으로 등재되었고, 궁중음악은 2003년 세계무형문화유산에 등재되면서 복구되기 시작했습니다. 후에는 후에 왕궁을 비롯한 흐엉강, 티엔무 사원, 민망왕릉 등의 명소가 있습니다. 후에를 방문하는 여행자들 대부분은 왕궁과 왕릉 등 응우옌 왕조의 문화를 돌아봅니다.

Q 여행하면 먹을거리를 빼놓을 수가 없습니다. 다낭의 음식 중 꼭 소개하고 싶은 음식은 무엇인가요?

A 베트남 여행의 가장 큰 장점은 먹을거리가 풍부하다는 것입니다. 특히 다낭 지역의 대표 음식은 국물이 조금만 들어간 베트남식 비빔국수로, 땅콩가루와 각종 고기를 고명으로 올려서 먹는 다낭의 대표 쌀국수 미꽝, 어묵이 들어간 매콤한 국물 맛이 일품인 국수 분짜까, 호이안 3대 음식 중 하나로 호이안 쌀로 만든 면발에 돼지고기·숙주·야채 등을 비벼 먹는 호이안식 비빔국수 까오러우, 백장미처럼 예쁜 흰색의 물만두로 면피의 쫄깃함과 담백함이 특징인 화이트 로즈, 호이안 3대 음식 중 하나로 새우·고기 등을 넣고 튀긴 만두피에 토마토 소스를 뿌려 새콤한 맛이 특징인 프라이드 완탄 등의 다양한 메뉴가 있습니다.

Q 베트남이 동남아 지역이다 보니 여행을 떠나기 전 꼭 챙겨야 할 의약품이 있을 텐데요, 무엇인지 말씀해주세요.

A 동남아의 대부분 지역은 찌는 듯한 더위가 기승을 부립니다. 가장 주의해야 할 것은 학질모기가 옮기는 전염병인 말라리아, 오염된 물이나 비위생적인 음식으로 인한 세균성 질병인 장티푸스, 뎅기열 바이러스에 감염된 모기에 물려 발생하는 뎅기열 등입니다. 필수 의약품은 설사·소화불량·멀미·두통에 대비한 상비약과 해변 지역인 다낭의 특성상 찰과상에 대비한 연고입니다. 또한 모기 퇴치제나 모기·개미 등에 물

렸을 때 바르는 약, 숙소에 비취하면 좋은 홈매트 등도 필요합니다.

Q 동남아시아의 지리적 특성상 위험적인 요인들이 많이 있습니다. 자유여행 자들에게 꼭 해주고 싶은 이야기가 있다면 한 말씀 부탁드립니다.

A 동남아는 떠나기 전 모두들 위험하다고 생각하지만 동남아처럼 순수한 곳이 없습니다. 어느 지역이나 여행시 당연히 밤길을 걸을때는 조심해야 하며, 귀중품은 항상 주의하고 신경을 써야 합니다. 특히 여권이나 시계·금전 등 중요 귀중품들은 관리에 신경을 써야 합니다. 비행기 입출국시에도 귀중품은 트렁크에 넣기보다는 본인이 직접 가지고 기내에 탑승하는 것이 기본입니다. 사람이 많이 모인 곳이나 밤거리만 조심한다면 유럽보다 더 안전하게 여행할 수 있는 곳이 동남아입니다.

스마트폰에서 이 QR 코드를 읽으시면
저자 인터뷰 동영상을 보실 수 있습니다.

한권으로 끝내는 야구의 모든 것

야구가 10배 더 재미있어지는 55가지 이야기

김종건 지음 | 값 18,000원

이 책은 스포츠 전문기자의 눈으로 프로야구의 역사에 남을 불멸의 기록부터 잘 알려지지 않은 에피소드까지 야구를 10배로 즐길 수 있는 55가지 이야기를 날카롭지만 유쾌한 입담으로 들려준다. 국내외 야구에 대한 해박한 지식과 현장에서 직접 지켜본 생생한 이야기로 야구를 다양한 관점에서 볼 수 있도록 도와주는 지침서가 될 것이다.

자전거를 타는 사람이 가장 알고 싶은 81가지

자전거의 거의 모든 것

김병훈 지음 | 값 17,000원

자전거를 탈 때의 올바른 자세, 주행 방법, 점검과 정비 방법, 자전거 포장과 운반 방법까지 이 책만 있다면 자전거를 타는 사람들이 알고 싶어하는 궁금증을 해결할 수 있다. 여행지를 찾아가는 방법, 추천 코스, 숙박 시설과 맛집 등을 소개해 직접 자전거를 타고 찾아가는 재미를 선사한다. 또한 책에 수록된 지도 한 장만 들고도 자전거 라이딩을 하며 멋진 풍경을 즐길 수 있도록 했다.

세상을 뒤흔든 세계적인 축구스타들의 모든 것

우리를 행복하게 하는 축구스타 28인

김현민 지음 | 값 19,500원

2014 브라질 월드컵을 빛낼 주인공들을 포함해 전 세계 축구판을 뜨겁게 달구고 있는 스타플레이어들에 관한 심층적이고도 흥미진진한 이야기를 우리에게 들려준다. 이 책에서는 축구를 잘 모르는 사람들은 물론 축구에 해박한 사람들도 같이 즐길 수 있도록 이름만 들어도 아는 스타플레이어와 함께 국내에 많이 알려지지 않은 축구선수들의 이야기도 함께 소개하고 있다.

쌍둥이 육아는 한 아이 육아와 완전히 다르다!

일반 육아책에는 없는 쌍둥이 육아의 모든 것

양효석·권소현 지음 | 값 15,000원

임신부터 출산과 육아에 이르기까지 쌍둥이는 단태아와 다른 점이 많다. 특히나 육아 노동의 강도는 단지 곱하기 2에 그치는 것이 아니라 곱하기 3 또는 4로 느껴질 정도다. 임신·출산·육아에 대해 쌍둥이를 낳아 키운 저자들이 직접 겪은 첫돌까지의 경험담을 담은 책이 나왔다. 전쟁만큼 격렬한 쌍둥이 육아, 제대로 할 수 있는 노하우를 공개한다.

미국프로농구를 지배하는 세계적인 농구스타들의 모든 것

우리를 행복하게 하는 농구스타 22인

손대범 지음 | 값 19,500원

이 책은 미국프로농구(NBA)에서 활약하는 농구스타들에 관한 심층적이고도 흥미진진한 이야기를 우리에게 들려준다. 이 책을 읽으며 선수에서 팀으로, 팀에서 농구 그 자체로 시야가 확대되는 과정을 통해 좀더 재미 있게 농구경기를 감상할 수 있게 되리라 믿는다. 화려한 미사여구가 아닌 담백한 말들로 진솔하게 풀어낸 이 책은 대한민국 농구팬들에게 또 다른 지침서가 될 것이다.

사람을 움직이는 소통의 힘

관계의 99%는 소통이다

이현주 지음 | 값 14,000원

직장 생활에서 바람직한 인간관계를 맺기 위해 필요한 소통 방법을 다룬 지침서다. 직장 내 관계에 대한 교육과 상담을 활발히 해온 저자는 올바른 소통 방법을 알려준다. 이 책은 우리가 알고 있었던, 혹은 눈치채지 못했던 대화법의 문제점을 부드럽게 지적한다. 회사에서 답답했던 소통을 경험한 직장인이라면 이 책을 통해 그동안 겪은 스트레스를 해소할 수 있을 것이다.

관계의 99%는 감정을 알고 표현하는 것

나도 내 감정과 친해지고 싶다

황선미 지음 | 15,000원

내 감정에 휘둘리지 않고 싶은, 내 감정과 친구가 되고 싶은, 그래서 행복하게 살고 싶은 사람들을 위한 인생지침서다. 상담학 박사인 저자는 이 책에서 일상적이며 부정적 감정인 화·공허·부끄러움·불안·우울에 대해 이야기한다. 이 책을 통해 자신의 감정을 제대로 알고, 제대로 표현하는 법을 익힌다면 살아가면서 적절하게 감정을 사용할 수 있을 것이다.

삶의 근본을 다지는 인생 수업

해주고 싶은 말

세네카 외 5인 지음 | 값 14,000원

이 책은 인생·행복·화·시련·고난·쾌락·우정·노년·죽음 등 우리 인간의 삶에 대한 통찰을 담고 있다. 정신 없이 바쁜 일상을 잠시 멈추고 인생의 의미를 되짚어보는 사람들에게 이 책을 권한다. 세기를 뛰어넘는 당대 최고의 지성 6인의 눈부신 말들이 당신의 인생을 어루만져 줄 것이다. 그들의 진심 어린 충고와 논리적인 고찰 속에서 삶의 지혜와 진정한 행복을 찾을 수 있을 것이다.

문과생을 위한 취업의 정석

문과에도 길은 있다

양대천 지음 | 값 15,000원

학점과 영어공부 외에 오늘 당장 무엇을 해야 하는지 모르는 문과생들에게 중앙대학교 경영학부 교수인 저자는 '공기업 취업'이라는 '정당한 길'을 제시한다. 물론 문과생 모두가 오직 공기업만을 목표로 달리라는 말은 절대로 아니다. 100%의 정답이 아닐지라도 문과생들에게 어떤 길이 있음을 알려주고자 공기업이라는 한 방편으로 굵직한 질문 하나를 던지고자 한 책이다.

처음 교토에 가는 사람이 가장 알고 싶은 것들

난생 처음 교토

정해경 지음 | 17,000원

이 책은 해외여행이 처음이거나 교토 여행이 처음인 사람들을 위한 책으로, 교토가 처음이라고 하더라도 불편함이 없는 여행이 되도록 구성했다. 교토를 가장 효율적으로 여행하기 위해 추천 일정별·지역별로 나누어 동선을 제시한다. 무엇보다 세계문화유산이 즐비한 교토는 아는 만큼 보이는 곳이기에 문화유산 답사와 교토에서 꼭 먹어봐야 하는 음식들을 소개했다.

독자 여러분의
소중한 원고를 기다립니다

★

메이트북스는 독자 여러분의 소중한 원고를 기다리고 있습니다. 집필을 끝냈거나 혹은 집필중인 원고가 있으신 분은 khg0109@hanmail.net으로 원고의 간단한 기획의도와 개요, 연락처 등과 함께 보내주시면 최대한 빨리 검토한 후에 연락드리겠습니다. 머뭇거리지 마시고 언제라도 메이트북스의 문을 두드리시면 반갑게 맞이하겠습니다.